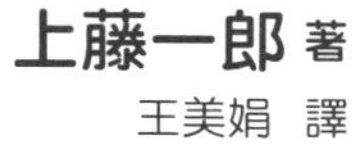

上藤一郎 著
王美娟 譯

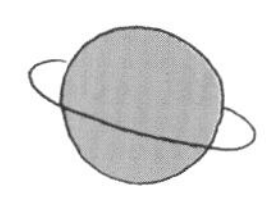

超圖解

資料科學

數據處理——入門中的入門，
強化處理力×判讀力×資料倫理

前　　言

在資訊及通訊科技（ICT）高度發展的今日，無論你是否有所察覺，我們的日常生活總是脫離不了各式各樣的資料。本書將這樣的社會稱為「資料化社會」，這意謂著如果少了資料，就連一般的生活都無法順利運作。舉例來說，現已成了必需品的智慧型手機，若不能處理及運用影像、聲音、文字等資料，就只是個無用之物罷了。如此一來，我們的生活會變成什麼樣子呢？請各位試著想像一下。由此可見，對現代社會而言，「資料」的價值與重要性與日俱增。在這種情況下，研究資料的科學應運而生，可說是理所當然的結果，而這門科學就稱為資料科學（data science）。

本書的目的，是使用插畫與圖表，以淺顯易懂的方式向讀者介紹，資料科學的概要與基本概念。由於這只是一本藉由視覺表現方式，幫助讀者瞭解概念，粗略掌握資料科學概要的「繪本」，書中並無關於數學理論與技術的具體解說。就這層意思來說，本書算是資料科學的「入門用的入門書」。

其實，資料科學目前尚無一個明確的定義。包括本書在內，坊間已有許多以「資料科學」為主題的著作，然而每位作者談及的範圍與內容卻不盡相同。不過，一說到資料科學，大多數的人應該都會聯想到AI或機器學習吧。其背景因素在於大數據的運用。

關於這部分本書也會說明，總之大數據並非單指「規模龐大」的資料，而是指運用在資訊及通訊科技的資料。若依照這個定義以大數據為前提去思考的話，那麼認為資料科學是與AI或機器學習等技術有關的科學也是很自然的。不過，本書對於這種看法是有些不贊同的。

若以大數據為前提去推想資料科學，怎樣都很難抹去「資訊及通訊科技是『主角』，資料是『配角』」的印象。但本書認為，對資料科學而言，資料才是「主角」，資訊及通訊科技則是「配角」。畢竟這是一門「資料」的科學，必須如此才名實相符。

為什麼說資料是「主角」呢？這是因為，我們要知道資料的性質，按照資料的性質進行分析，然後根據資料導出各種結論。這裡說的資料性質，其實可分成各種不同的類型。即便資料的外觀看起來都是數值陣列，但像經濟資料與醫學資料，兩者的產生方法與處理方法就截然不同，意義與解釋也不一樣。這種重視資料性質的差異，亦即「重視資料」之觀點，對資料科學而言是最重要的，這也是本書的基本觀念。因此，資訊及通訊科技，只能算是為了有效率地完成這一連串的程序而運用的「配角」。

為了達成本書的目的，內容做了以下的編排。

1 從「重視資料」之觀念出發，用1章的篇幅詳細解說資料的類型與特徵，以及各類資料的蒐集方法（第2章）。

2 資料科學的重點，在於資料分析方法（用來分析資料的數學理論）。本書安排了3名角色——在超市擔任行銷專員的A先生、為了專題討論課程而進行地區研究的大學生B同學、負責處理社區健康問題的公衛護理師C小姐，透過他們的業務或研究，解說資料分析方法的目的與分析結果的解釋。另外，本書完全不觸及數學理論，讀者就算不具備數學的先備知識也能夠理解內容（第3章～第5章）。

3 本書將資料分析方法，分成分類手法（第4章）與預測手法（第5章），個別介紹使用定量資料時與使用定性資料時的代表性手法。

4 關於前述的手法，本書以講解概念及計算結果的解釋為主，不過實際體驗資料分析也很重要。因此，本書會從介紹的手法當中，選出可用Excel簡單計算的手法，解說對應的函數與分析工具的用法（附錄）。

5 對資料科學而言資料就是一切。如果資料遭到竄改或捏造，即使套用再講究數學理論的資料分析方法也是白費功夫。因此，本書會花1章的篇幅談談資料倫理，介紹資料竄改案例並解說倫理規範（第6章）。

6 本書雖秉持「資料科學的對象並非只有大數據」的態度，不過大數據當然也是資料科學的重要對象。因此，最後會用1章的篇幅，從「大數據的運用」角度，解說資料科學與AI及機器學習的關係（第7章）。

資料科學一詞在最近幾年迅速普及，因此可算是一個流行語。有句俗話說：「流行終會過時。」但是如同前述，既然資料對「資料化社會」而言具有重要意義，以資料為對象的科學應該就不會衰退過時。不過，從囊括各種領域的資料科學現狀來看，其內容與體系未來應該會逐步統整。我在本書裡，也偷偷表達了自己對資料科學走向的看法。如果各位讀者在看完本書後，能因此對資料的價值產生興趣，並且加深對資料科學的瞭解，這是我的榮幸。

最後是謝辭。這次能夠出版資料科學的繪本，全要歸功於技術評論社的佐藤民子小姐與插畫家米村知倫先生的協助。另外，撰寫本書時，靜岡大學研究所的大關亮人同學也幫忙整理數據與資料。我要在這裡向他們表達感謝之意。非常謝謝各位。

2021年4月　上藤一郎

※本書是根據2021年3月20日當時的資訊撰寫編輯而成。

第1章

何謂資料科學

——資料與社會——

如今資料具備重要的價值，運用資料這件事，
逐漸成了每個人都該學會的技能。
資料科學則能授予我們運用資料所需的知識。
接下來，就由我擔任領航員，
帶領各位進入資料科學的世界吧！

1-1

資料與社會

現代社會不可缺少資料。
我們無時無刻都在接觸資料，
現已陷入沒有資料就無法工作或生活的狀態。
本書將這樣的社會稱為「資料化社會」。

1　我們的日常生活與資料

活在現代社會的我們，日常生活已經很難不接觸到資料了。舉例來說，請你回想昨天一整天自己做了哪些事。

▼圖1-1　生活中的資料

③ 抵達職場或學校，開始上班或上課後，打開電腦工作或學習⋯⋯。
④ 終於上完班或上完課，到了回家時間⋯⋯返家途中到便利商店買東西。
⑤ 回家後，與家人共進晚餐，洗完澡後上床就寢⋯⋯。

圖1-1是每個家庭都看得到的、極為稀鬆平常的日常生活情景。不過，若以「資料與社會」觀點重新檢視，便會發現①到⑤的日常生活情景，全都要有資料才能成立。

首先①的情境，是透過電波或光纖電纜接收影像與聲音的資料。

②的情境，是透過電子郵件或LINE收發文字資料。

③的情境就不用說明了吧。

④的情境是順道去便利商店買東西，POS系統（銷售時點情報系統）會將顧客的購物資訊當作資料儲存下來。

最後是⑤的情境。最近的烹飪機器種類真是五花八門，例如超過某個溫度就會啟動控制系統自動滅火的瓦斯爐，或是搭載AI（人工智慧）的電子鍋等等，而且這類機器已普及到各個家庭。

至於洗澡，能按照設定的溫度與水量放洗澡水的系統同樣很普遍對吧。不消說，這些機器與系統都要有資料才能夠運作。

如同上述，資料與運用資料的系統已廣泛滲透至現代社會，我們的生活已漸漸離不開這些東西了。

不過，這個日常生活的例子，是從「我們是資料或運用資料之結果的消費者（需求）」這個角度來看的。

不消說，有消費當然也會有生產（供應）。我們本身不只是資料的消費者，而且還隨時都能成為生產者，站在「運用資料創造價值」的生產者立場，這點可說是現代社會的另一項特色吧。

所謂的資料科學，就是提供生產及運用資料所需之基本知識的科學。

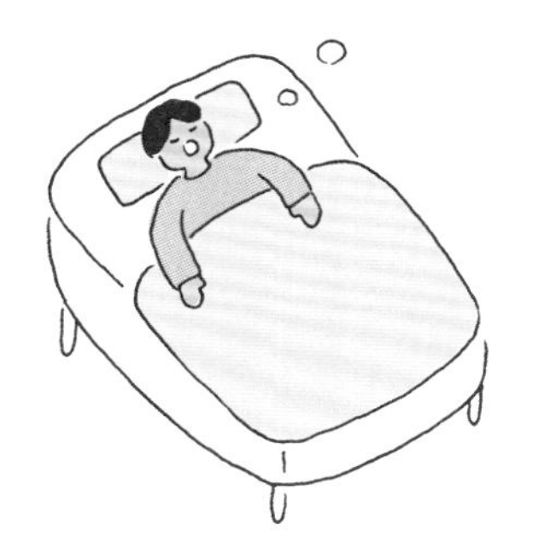

2 資料化社會的到來

歐洲有句格言說：「數字掌控了世界。」如同前述，現代社會人人既是資料的消費者亦是生產者，這句格言似乎可以改成「資料掌控了世界」。

如果要將現在這個每天消費與生產資料，而且人人都是資料消費者與生產者的社會，稱為「資料化社會」，更正確的說這應該算是「資料所掌控的」社會。不過，「資料所掌控」的意思，並不是說「資料」是一個如人類般擁有思想的主體，強行影響我們的生活。而是如上個小節看到的，是指「如果少了資料，連要過平凡的日常生活都有困難」。

就這點而言，AI（人工智慧：Artificial Intelligence）也是資料化社會的產物之一。

AI的原理，簡單來說就是使用大數據之

▼圖1-2　少了資料就沒辦法生活的資料化社會

類的資料時時改良數學模型，在各種情況下進行良好預測的系統。因此，AI跟資料一樣，並不是一個如人類般擁有思想的主體，強行影響我們的生活。

然而，當AI普及到生活的各種層面後，就無法避免「沒有AI的話，會給日常生活造成障礙」之情況。現在與沒有電力的以前不同，各位只要試著想像「沒有電力就無法正常度過日常生活」的現代社會就會明白了。

「資料化社會」的到來已是無法避免的事，我們當然也一定會受到影響。既然如此，對活在現代社會的我們而言，「懂資料（資料素養）」可說是必備的素養。

相信各位都知道，在近代以前的日本，「讀、寫、算盤」是大多數人應該具備的知識。到了現代，目前似乎可以置換成「讀、寫、電腦」，而接下來應該稱為「讀、寫、資料」的時代。要懂資料、運用資料，不可缺少資料科學的知識，學習資料科學的意義也可以說就在這裡吧。

▼圖1-3　「讀、寫、資料」　邁入注重資料素養的時代

資料科學與資料科學家

「資料科學」是最近幾年急速普及的詞彙。
就這層意思來說，這可算是一個流行語，
不過詞彙本身以前就存在了。

1　資料科學是一門定義因人而異的科學

從前，人們使用「資料的科學」或是「資料科學」，當作統計學的替代名詞，意謂著這門學問特別重視「資料」。後來，因「大數據」一詞流行起來，資料科學一詞也連帶受到關注。大數據簡單來說，就是可透過ICT（資訊及通訊科技：Information and Communication Technology）不斷蒐集、累積的大規模資料，關於這個部分會在第2章詳細說明。

不過，雖說大數據好像與資料科學有關，大多數的人似乎並不十分清楚資料科學是研究什麼的科學，專家之間的討論也不夠詳盡深入。

有些人單純將之視為傳統統計學的另一種說法，也有人將之想像成融合了統計學與資訊科學的科學。

總而言之，資料科學並無明確的定義。換句話說，這是一門定義因人而異的科學。

雖然定義因人而異，但既然稱為資料科學，它當然得是關於「資料」的「科學」才行。

值得注意的是，有些人著眼於大數據的重要性，誤把資料科學當作「僅以大數據為對象的科學」，而且這樣的人還出乎意料的多。這是天大的誤會。其實資料科學就如同字面上的意思，可以說是各種「資料」的「科學」。

因此，本書根據此前有關於資料科學的動向，整理出資料科學的充分且必要條件。大致來說就是以下幾點吧。

試著定義資料科學……

■ **必要條件**

①使用資料具體解決問題

②運用統計學的方法（統計方法、資料分析方法）分析資料

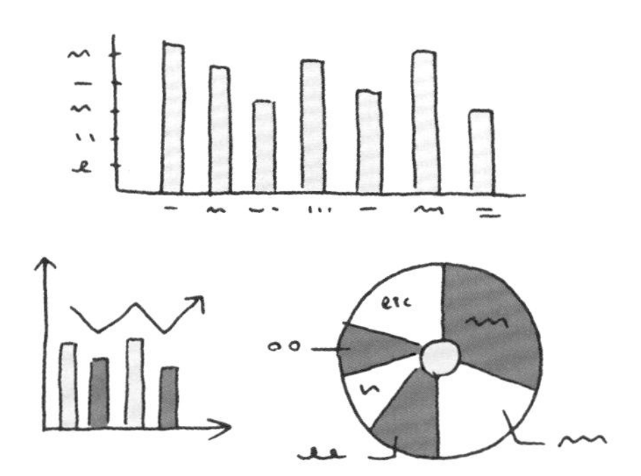

③運用資訊處理技術蒐集與分析資料

■ **充分條件**

重視作為解決問題之材料的資料特徵與性質

圖1-4是以這些充分且必要條件為前提，將資料科學研究的程序整理成流程圖。

■ 釐清該解決的問題

首先來看起點「該解決的問題」，這道程序是先釐清要使用資料查明什麼事，或者想解決什麼問題。資料要使用才有意義，光有資料，不代表能提出什麼新問題。這點無庸贅言。

■ 蒐集並審查需要的資料

釐清問題後，也就明白需要什麼資料。接著便進入「生產、蒐集、審查資料」程序。除了蒐集在網路之類的地方公布的資料，有些時候也要自行調查，生產需要的資料。此外，還需要審查蒐集到的資料是否足以信賴。

■ 用統計學的手法分析資料

「生產、蒐集、審查資料」程序結束後，就要實際使用這些資料進行分析，這道程序是資料科學研究中最重要的一環。

分析資料的方法，一般稱為統計方法，若從重視資料的觀念來看也可稱為資料分析方法（本書也多使用這個名稱）。統計學是賦予這些方法或手法理論基礎的科學。因此，圖1-4的「統計學的理論與方法」及「實際的資料分析」，是處理資料的「理論」與使用資料進行的「實證」，兩者相輔相成，是資料科學研究中最重要的部分。

■ 解釋分析結果，解決問題

使用資料進行分析（資料分析）後，接下來就是「解釋分析結果」。如果當初提出的「該解決的問題」，只靠1次「解釋分析結果」就能順利解決，當然再好不過，但實際上，要導出跟統計學或資料分析教科書一樣「漂亮的」結果是很困難的。回到「生產、蒐集、審查資料」，一再試錯，最後才抵達終點「解決問題」，可說是資料科學研究的必經過程吧。

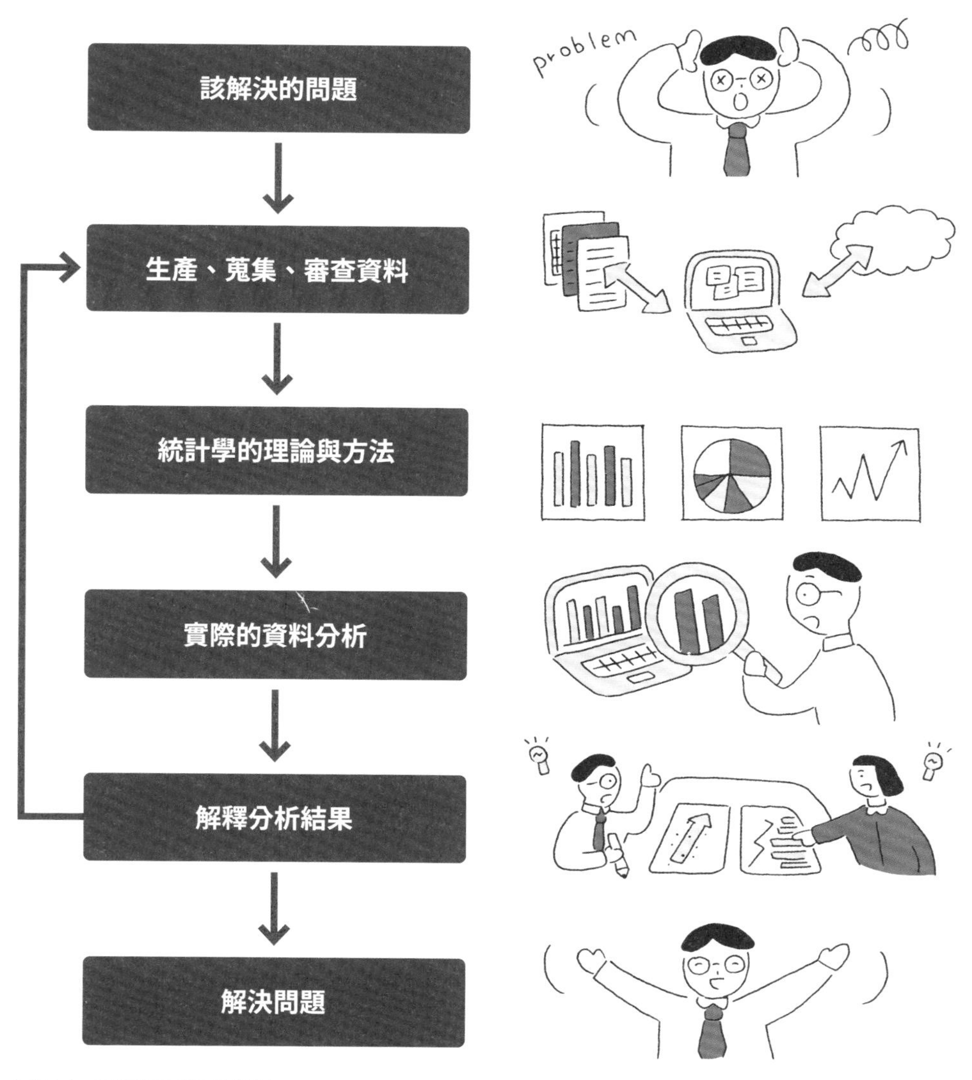

▲圖 1-4 資料科學研究的程序

2　資料分析的4道工程

前面提到，「實際使用統計方法或資料分析方法分析資料，是資料科學研究中最重要的部分」。

不過，圖1-4的程序當中也有重疊的部分。尤其是「生產、蒐集、審查資料」這道程序，「要使用何種手法」這個問題，取決於「要處理何種資料」，因此最好別將「統計學的理論與方法」跟「實際的資料分析」分開來看待。也就是說，要把「生產、蒐集、審查資料」、「統計學的理論與方法」、「實際的資料分析」三者，視為1道資料分析程序，圖1-5即是展示這整個工程。

此工程是標準的資料分析步驟，本書也會在第2章到第5章為各位說明。這裡先簡單介紹各工程的內容概略。

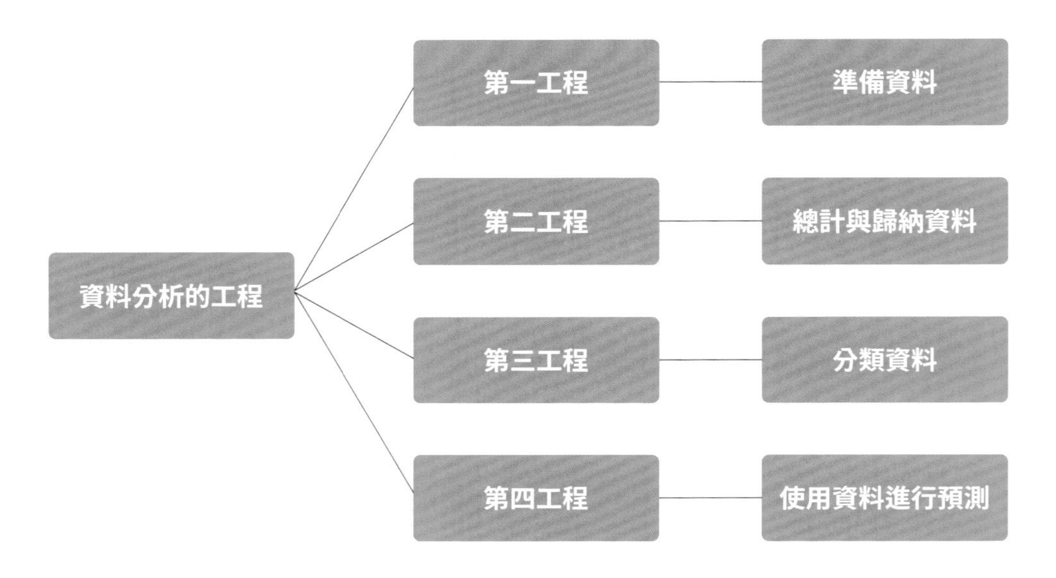

▲圖1-5　資料分析的4道工程

「第一工程」是瞭解各種資料的種類與特徵，然後審查資料是好是壞。這道工程放在第2章說明。

「第二工程」是先運用手法大致掌握蒐集到的資料特徵。這是「資料分析」的基本作業。第3章會安排超市的行銷專員A先生登場，透過他的工作說明此工程的具體內容。

「第三工程」是依照各種資料的特徵，將資料分類成模式相似的群組。第4章會安排為了大學的專題討論課程而進行地區研究的B同學登場，透過她的研究說明此工程的具體內容。

「第四工程」是使用各種資料，針對特定問題進行預測。第5章會安排負責社區的公共衛生與健康問題的公衛護理師C小姐登場，透過她的調查說明此工程的具體內容。

以上是資料科學研究中最重要的部分「資料分析」的工程，特別要注意的是，「第三工程」與「第四工程」，跟機器學習與AI的數學模型息息相關。關於這點，則放在第7章說明。

3　資料科學家的工作

資料科學一詞之所以廣為人知，其中一個原因是資料科學家這項職業受到矚目。

▼圖1-6　Harvard Business Review, October, 2012

Data Scientist: The Sexiest Job of the 21st Century

Meet the people who can coax treasure out of messy, unstructured data. by Thomas H. Davenport and D.J. Patil

From the Magazine (October 2012)

出處：https://hbr.org/2012/10/data-scientist-the-sexiest-job-of-the-21st-century
（繁體中文版：https://www.hbrtaiwan.com/article_content_AR0002788.html）

國際知名商業雜誌《哈佛商業評論》在2012年10月號刊登了一篇報導，標題為「資料科學家：21世紀最誘人的職缺」（圖1-6）。因為這篇報導的緣故，資料科學家這項職業與資料科學這門科學廣受社會大眾的關注。

日本也對此職業很感興趣，不僅有電視的新聞資訊節目製作專題報導，介紹資料科學家的工作，國內還有專為資料科學家設立的組織。

資料科學家的工作，就是在商業領域，專門從事如圖1-4的資料科學研究，並且根據證據（資料）提供準確的判斷或有關預測的資訊。

資料科學家這項職業之所以受到重視，跟資料化社會逐漸到來的現象不可謂無關。從蒐集資料到分析資料這一連串的作業，過去得花費相當多的時間，但隨著大數據普及、統計計算軟體豐富化，以及硬體性能提升，如今這些作業已能迅速進行。於是，分析的成果就能運用在需要及時且迅速判斷的商業領域。

只要這種情況繼續發展下去，也許不久的將來，不光是從事特殊專業工作的人士，社會上的每個人都能具備資料科學家的能力。本書正是為那些想要踏出第一步的人所寫的導覽書。

那麼接下來，請與我一起進入資料科學的世界吧！

第2章

瞭解資料

——資料分析的第一工程——

在資料科學上，資料分析占了最重要的位置。
資料分析大致分成4道工程，最初的第一工程，
是蒐集需要的資料，瞭解資料的特徵與性質，
然後整形資料使之能夠進行適當的分析。

將資料分門別類
資料依產生方法分成各種類型

所謂的資料，其實可分成各種不同的類型。產生資料的媒體同樣五花八門。
因此，瞭解自己想用於分析的資料，是經由怎樣的過程產生出來的，
乃是資料科學的第一步。
這是因為，若使用來歷不明的資料，有可能導出錯誤的結果。

1　調查資料與非調查資料——掌握資料的來歷很重要

若按產生方法來分類，資料可大致分成調查資料與非調查資料這2個類型。

調查資料

這是想分析資料的人自行調查後產生的資料。自然科學的實驗資料與觀察資料都屬於這個類型。

▲圖2-1　**調查資料與非調查資料**

非調查資料

這種類型的資料並非直接自行調查、實驗或觀察後產生，而是由第三方的公家機關或研究機構生產。

除了各機關與機構經由調查產生的資料，也有不少非調查資料是以透過其他途徑取得的資訊（例如瀏覽網頁、在便利商店購物、到公所辦理登記後留下的紀錄）編輯而成。

關於調查資料，下一節「2-2掌握資料的特徵」（→P.34）會再為大家解說，這裡先詳細介紹幾種非調查資料。

各種非調查資料

■ 在便利商店購物的情況→POS資料

POS系統，是便利商店及許多零售商店都會使用的系統。POS（Point Of Sales）是指「銷售時點」，當顧客在收銀臺結帳時，系統會統計購買的商品價格與數量建立資料。

圖2-2是虛構的資料，為全國連鎖超商某一天的杯麵購買資訊統計結果。

如果購買時，顧客用了可在便利商店使用的集點卡，顧客的性別與年齡層等資訊也會與購買紀錄做連結，可以提供對店家有益的資訊。

▼圖2-2 「杯麵」的單日銷售資料統計表

順序	商品名稱	企業名稱	單價	共通商品代碼	數量	男性	女性
1	A醬油	A公司	198	xxxx	1055	650	230
2	B鹽味拉麵	B公司	198	xxxx	956	401	205
3	A豚骨	A公司	232	xxxx	900	420	203
4	C海鮮	C公司	216	xxxx	854	322	432
5	C咖哩味	C公司	216	xxxx	820	311	365

▼圖2-3 出生登記申請書

出　生　届

令和2021年3月31日届出

市長殿

受理 令和 年 月 日 第 号
送付 令和 年 月 日 第 号
発送 令和 年 月 日
長印

(1)	生まれた子	(よみかた) 子の氏名	ぎ ひょう　技評（氏）	はなこ　花子（名）	父母との続き柄：☑嫡出子 □嫡出でない子（長 □男 ☑女）
(2)		生まれたとき	2021年3月30日 ☑午前 □午後 7時55分		
(3)		生まれたところ	東京都新宿区 〇〇〇〇番地 △号		
(4)		住所（住民登録をするところ）	東京都新宿区 〇〇番地 △号	世帯主の氏名 技評大介	世帯主との続き柄 子
(5)		父母の氏名 生年月日	父 技評大介	母 技評咲	

■ 孩子出生後向市公所報戶口的情況→官方統計（業務統計）

資料生產者不只民間企業與個人，中央與地方政府也會產出各種資料。倒不如說，中央與地方政府才是主要的資料生產者。

政府產出的資料稱為「官方統計」，除了廣為人知的人口普查這類「調查統計」外，還包括以來自各種行政申報或申請的資訊統計出來的資料。後者這種官方統計稱為「業務統計」。

圖2-3是「出生登記申請書」範本。出生登記申請書是孩子出生後，到市公所報戶口時繳交的文件，日本厚生勞動省會彙整出生登記申請書上的資訊，然後將整年的出生人數等資訊製作成「人口動態統計」資料公布出來。

這類統計資料，中央與地方政府會用來擬定少子化對策之類的政策。當然，我們也能將這類資料運用在各種分析目的上。

■ 在購物網站購買書籍的情況→大數據

在購物網站購買各種商品，如今已是很稀鬆平常的事了。各位讀者應該也有過這種經驗吧。在購物網站購買商品時，搜尋到的商品頁面上，有時還會顯示相關商品之類的資訊。這是因為購物網站利用隨時都能取得的顧客購買資料，經過分析後做出預測。

圖2-4是在販售書籍的購物網站上，搜尋資料科學相關書籍所得的結果。除了出版社與頁數等有關著作的資訊外，還顯示「推薦商品」等資訊。這是顧客在購物網站搜尋書籍時，網站根據搜尋相同書籍者的購買傾向推論出來的結果，此結果會不斷變化。

這類網路上時時更新的資料，屬於大數據的一種。

▼圖2-4 購物網站

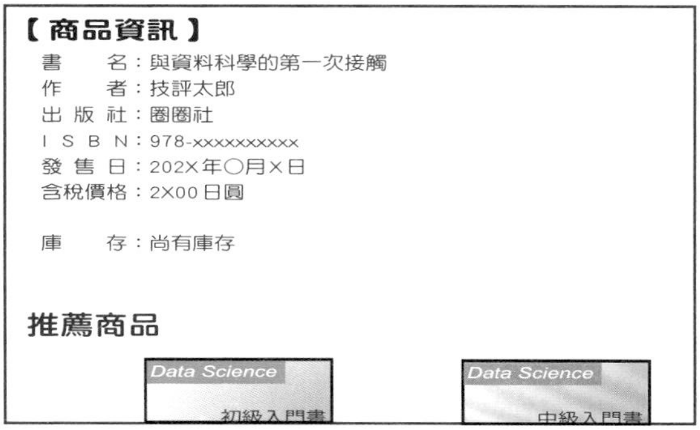

【商品資訊】

書　　名：與資料科學的第一次接觸
作　　者：技評太郎
出 版 社：圈圈社
I S B N：978-xxxxxxxxxx
發 售 日：202X年〇月×日
含稅價格：2X00日圓

庫　　存：尚有庫存

推薦商品

Data Science 初級入門書

Data Science 中級入門書

2　大數據與非大數據

前面介紹在購物網站購買書籍的例子時，提到了大數據。因此，接下來就針對大數據做更詳細一點的定義吧！不過，由於大數據尚無明確的定義，這裡提出的是最大公約數式的定義。

大數據

大數據這個名稱，給人的印象就是「規模龐大的資料」，但只是規模龐大的話仍不能稱為大數據。當然，「規模龐大的資料」

▼圖 2-5　大數據

是先決條件，不過要說得更正確一點的話，大數據是可透過ICT（資訊及通訊科技），不斷產生、蒐集、累積的「多樣且多量的資料」。

因此，購物網站的書籍資料與POS系統這2個例子，都符合上述大數據的條件。

多樣且多量的大數據，提供了我們日常生活所不可或缺的有益資訊。尤其AI（人工智慧）因為運用了大數據，在商業與醫療等領域締造了許多成果。

非大數據與隨機性

不同於大數據，例如下一節要說明的調查資料與實驗資料等等，則算是非大數據。

另外，前述的「人口動態統計」這類業務統計，雖然不屬於調查資料，但也並非透過ICT時時產生、蒐集、累積資料，因此同樣屬於非大數據。

非大數據的特徵之一，就是取得的資料大多建立在母體（調查對象整體）與樣本（母體的部分集合）這層關係上，因此優點是可假設實際取得的資料具隨機性。資料的隨機性是指，資料（樣本）是從想瞭解的所有對象（母體）隨機抽出。如此一來，母體的特徵或結構就能盡量忠實地反映在樣本上。

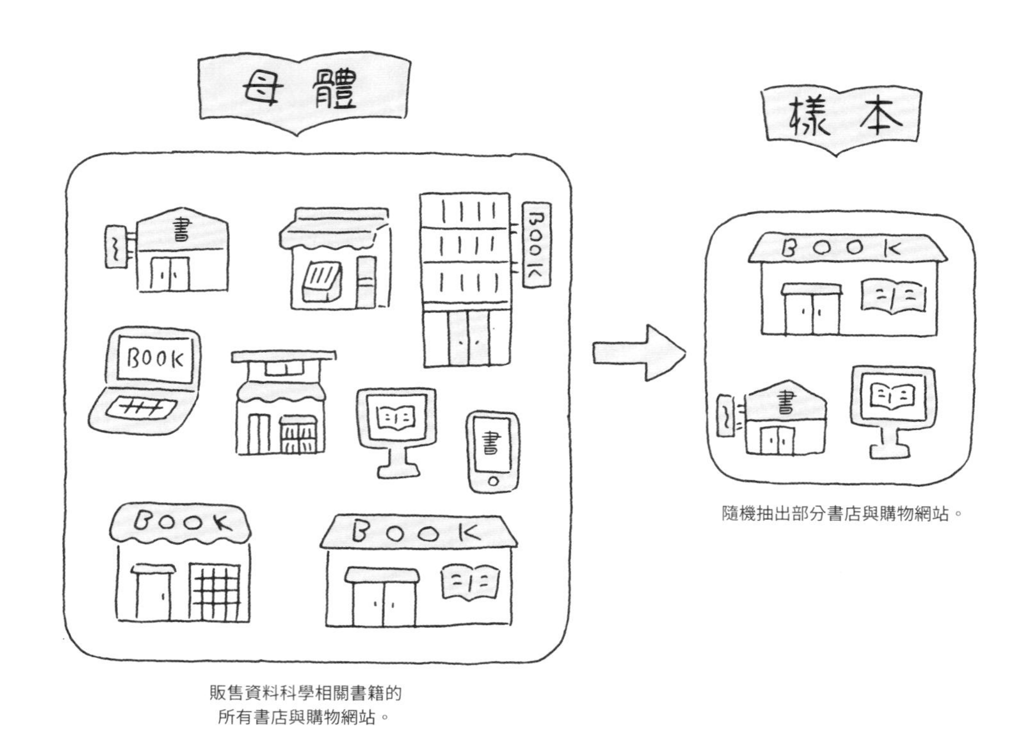

▲圖2-6　**使用隨機抽樣從母體抽出樣本**

我們以書籍的銷路為例來想一想吧！

圖2-6是從所有的書店與購物網站，調查某本資料科學相關書籍「書A」銷路的方法。

具體的目的是，調查某一週「書A」的購買率。這裡的購買率是指，在一週內賣出的所有資料科學相關書籍冊數當中，「書A」的購買冊數所占的比率。

如果能夠調查販售資料科學相關書籍的所有書店與購物網站（母體），計算出購買率，那當然再好不過，可是這些書店數量非常多，沒辦法全部調查。

■ **隨機抽樣**

因此，這時要使用隨機抽樣。隨機抽樣是從某個集團隨機抽出樣本的手法。

先隨機抽出適當數量的書店與購物網站作為樣本，然後調查一週內資料科學相關書籍與「書A」的銷售冊數，計算購買率。

由於調查對象是隨機抽出，調查後得到的銷售額與銷售冊數資料同樣是隨機的，也就是說，隨機性的假設是成立的。於是我們可以期待，利用樣本（資料）計算出來的購買率，與調查整個母體時得知的真正銷售率，兩者的數值（估計值）是差不多的。

■ **資料為隨機取得時，能夠推定整個集團傾向的原因**

那麼，為什麼資料若是隨機取得就能辦到這種事呢？以下就用最簡單的例子說明這項原理。

假設現在有個黑色箱子，裡面放入5000張白色卡片，以及5000張藍色卡片。箱子裡的藍色卡片與白色卡片如下一頁的圖2-7所示，各自聚集在一起。然後，請不知道這個箱子裡有幾張白色卡片與藍色卡片的A與B，各自從箱子抽出100張卡片，再根據結果估計白色卡片的比率。

如圖2-7所示，A是從箱子的上層抽出卡片，抽出的100張卡片全是白色，因此從這個結果得到的比率估計值為100%。反觀B是從箱子的下層抽出卡片，抽出的100張卡片全是藍色，因此從這個結果得到的比率估計值為0%。

很顯然的，兩者的估計結果都不是真正的比率50%。既然如此，要怎麼做才能抽出白色卡片與藍色卡片各50張，或是接近這個數量的卡片呢？答案就是：充分打散黑色箱子裡的卡片，使白色卡片與藍色卡片混合均勻。

換言之，「充分打散」之行為相當於隨機化，而從中抽出100張卡片則相當於隨機抽樣。於是，抽出的卡片（資料）是隨機選到的，故隨機性的假設成立。

若將此原理應用在圖2-6的書籍銷路調查上，只要能從販售資料科學相關書籍的所有書店與購物網站，隨機抽出書店與網站，就可保證資料的隨機性。

▼圖 2-7　資料的隨機化

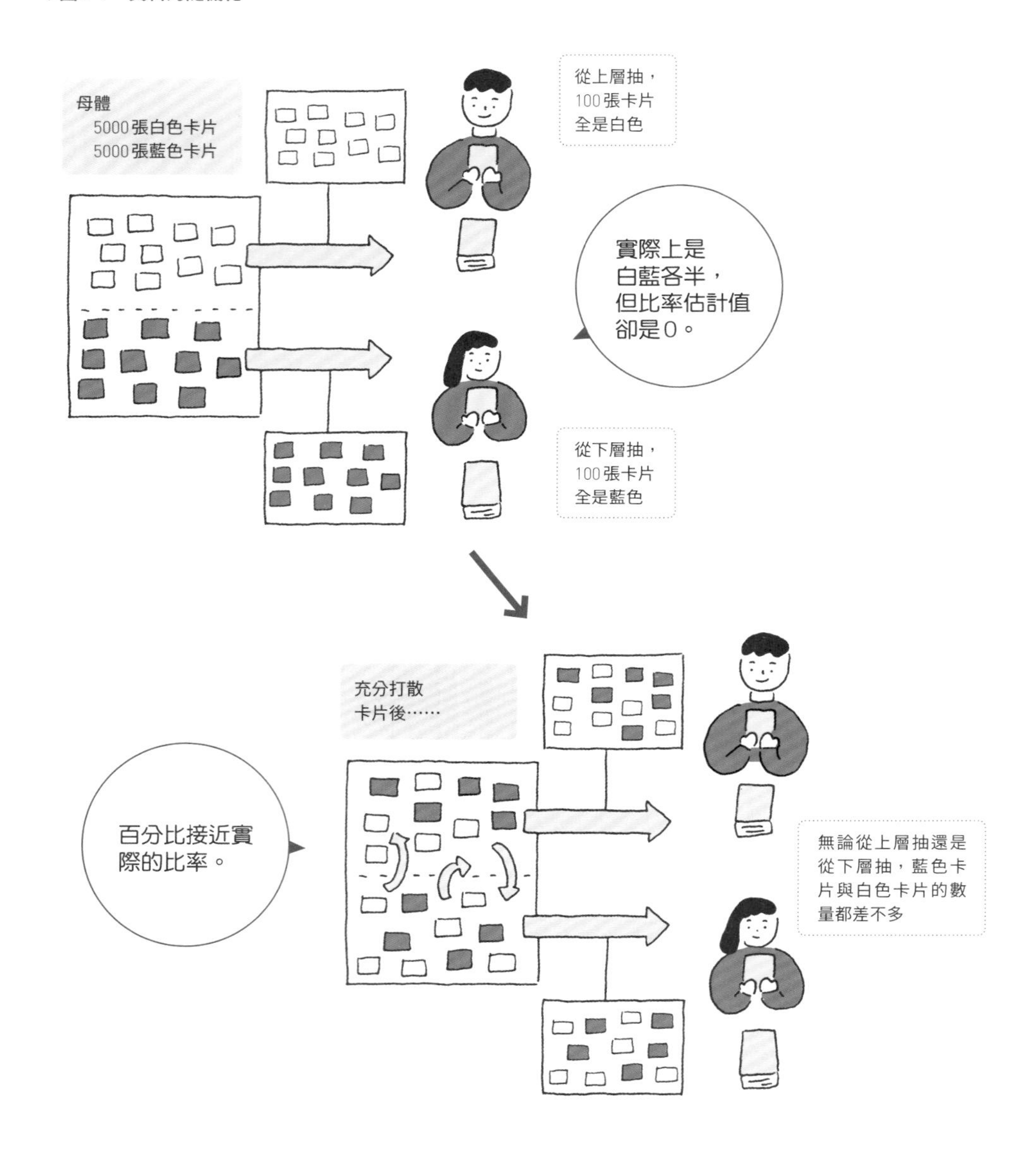
母體
5000張白色卡片
5000張藍色卡片
從上層抽，
100張卡片
全是白色
實際上是
白藍各半，
但比率估計值
卻是0。
從下層抽，
100張卡片
全是藍色
充分打散
卡片後……
百分比接近實
際的比率。
無論從上層抽還是
從下層抽，藍色卡
片與白色卡片的數
量都差不多

大數據的問題點

與非大數據相反，大數據是不斷產生、蒐集、累積資料，所以優點是可隨著時間的推移掌握銷路的變化。

不過，大數據並非毫無問題。其中特別大的問題是，跟調查資料相反，大數據存在著偏誤（bias），很難假設資料的隨機性。拿「書A」的例子來說，這裡的大數據是透過某個特定購物網站蒐集該書的購買資訊，故以此資料算出的購買率只代表單一購物網站的實績。因此，我們很難將之視為代表整體銷路的估計值，也沒辦法用機率尺度去衡量估計值的準確度。換句話說，計算出來的數值無法當作代表母體的購買率。

掌握資料的特徵

重要的是要掌握「對象」、「屬性」與「尺度」

使用各種資料進行分析時，最重要的是要先仔細瞭解資料的特徵與結構。想瞭解資料的特徵，必須掌握「對象」、「屬性」與「尺度」。

1　變數與資料

開始分析資料之前，要先針對使用的資料掌握以下3個項目。

掌握資料特徵時的3大原則

①對象

是將什麼樣的對象資料化？

②屬性

是將對象的何種屬性資料化？

③尺度

是用何種尺度資料化？

我們來看看以下的調查例子吧！

- 向住在A市的100人進行問卷調查
- 調查主題是，有關該地區的社區活動與社區營造
- 題目是參與哪些有關防災、安全、宜居度的社區活動，以及對未來社區營造的需求等等

圖2-8是此問卷調查的調查表部分內容，關於3大原則，我們可從調查表得知以下的資訊。

①對象

→住在A市的100位居民（個人）

②屬性

→每個人有無參與該地區的社區活動，以及對未來社區營造的看法

③尺度

→問題1與問題4是選項編號，問題2與問題3是實際數值

▼圖 2-8　問卷調查範例

問題 1：請問你的性別是？

①男　　②女

問題 2：請問你的年齡是？

（　　　　　）歲

問題 3：請問你家與最近的社區活動中心距離多遠？

（　　　　　）公里

問題 4：請問你參與了以下哪些社區活動？

①自主防災活動　②防犯與巡邏活動

③撿垃圾、打掃等愛護環境活動

④以高齡者為對象的社福活動　⑤育兒支援活動

⑥兒童聯誼會、家長教師聯誼會活動

⑦社區運動會之類的體育活動

⑧地區活動（慶典等）的運作

變數是代表資料的意思或特徵的基本元素

問卷調查所回收的調查表是沒辦法直接分析的。接下來必須將調查表上的回覆內容輸入到電腦裡建立資料集，將資料整形成可用於分析的形式。

一般常用的方法，是將調查表的數值輸入到Excel之類，由行與列儲存格構成的電子試算表來建立資料。

■ 資料集與資料點

圖2-9是根據圖2-8的調查表，以電子試算表建立的資料。將調查表的結果全輸入進去後建立的數值集合稱為資料集，輸入到各個儲存格的數值則稱為資料點。

■ 個體與個體資料

這種形式的資料，各行的資料點集合是個別展示作答者的回覆資訊。這種資料點集合稱為個體（紀錄），而個體集合而成的資料集稱為個體資料。

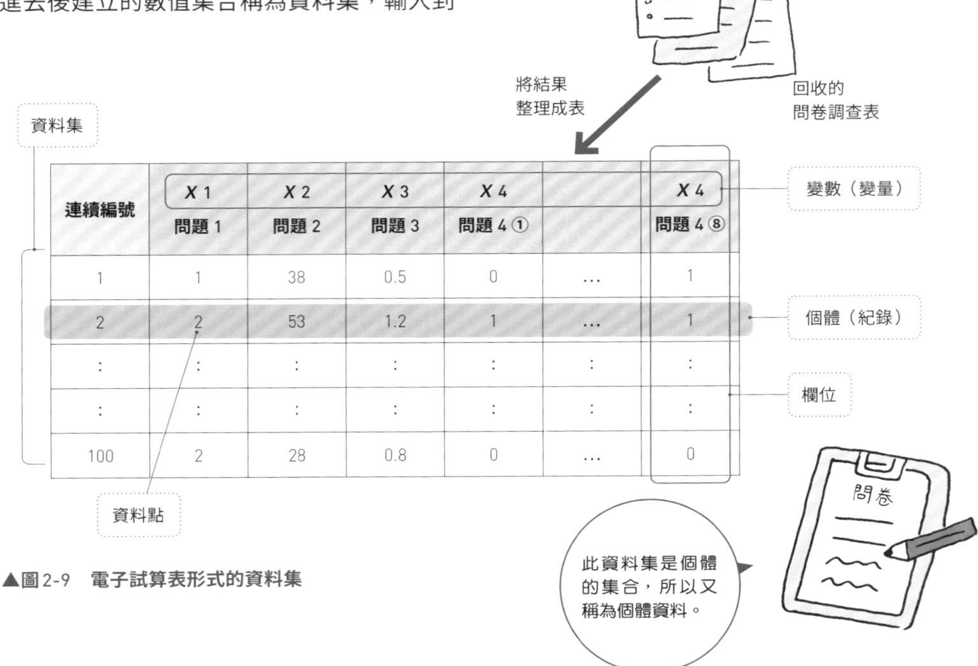

連續編號	X 1 問題 1	X 2 問題 2	X 3 問題 3	X 4 問題 4 ①		X 4 問題 4 ⑧
1	1	38	0.5	0	…	1
2	2	53	1.2	1	…	1
:	:	:	:	:	:	:
:	:	:	:	:	:	:
100	2	28	0.8	0	…	0

▲圖2-9　電子試算表形式的資料集

■ 變數

至於各個問題的資料點集合則展示在各列上。各列的資料集合稱為欄位（field）。另外，代表這些資料的意思或特徵的代數（符號），稱為變數或變量。以這個例子來說，X1～X4就屬於變數。

變數X1、X2、X3是單選題，即1個問題只有1個答案。每一列的資料點集合代表各個變數。

至於變數X4，因為問題4是複選題，列數與選項數目一致，這8列算1個變數。因此，變數X4的資料點數值，不是直接輸入選項的數值（①～⑧），而是按照各選項的選擇結果輸入「參加→1」、「未參加→0」。

若著眼於變數……

單選（SA）題。每一列的資料點集合代表各個變數

（SA：Single Answer）
（MA：Multi Answer）

連續編號	X1 問題1	X2 問題2	X3 問題3	X4 問題4①		X4 問題4⑧
1	1	38	0.5	0	…	1
2	2	53	1.2	1	…	1
:	:	:	:	:	:	:
:	:	:	:	:	:	:
100	2	28	0.8	0	…	0

複選（MA）題。列數與選項數目一致，這8列算1個變數。按照各選項的選擇結果輸入「參加→1」、「未參加→0」

資料集…輸入調查表結果後建立的數值集合。
資料點…輸入到各個儲存格的數值。
個體（紀錄）…透過問卷向作答者取得的資訊。
欄位…各列的資料集合。
變數（變量）…代表資料的意思或特徵的符號。

▲圖2-10　**題目與變數**

變數的3種類型

變數可按測量屬性的尺度分成3種類型。只要認識這3種類型，就能弄清楚資料的數學特徵。

①連續變數

資料的數值為連續量

（可含小數點的資料）

②離散變數

資料的數值為離散量

（不可含小數點的整數資料）

③類別變數

資料的數值為名義

（不具數學意義的數值資料。非代表大小的數字）

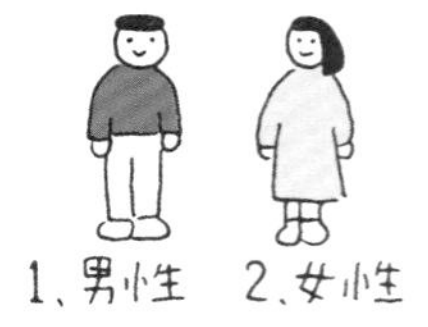

在圖2-8（→P.35）的問卷調查中，問題3（與最近的社區活動中心之距離）為連續變數，問題2（年齡）為離散變數，問題1（性別）與問題4（參與的活動種類）則為類別變數。

另外，關於類別變數，假如是像問題1那樣設定為「男性→1」、「女性→2」，這裡的數值1與2並非代表數學上的大小關係，而是名義。

不過要注意，有時選項的數值代表順序。舉例來說，假如問題是關於社區營造的某項措施，而設定的選項為「①希望　②都可以　③不希望」，這些數值嚴格來說並無大小關係，不過以1到3這個順序來看「希望程度」是越來越小的。

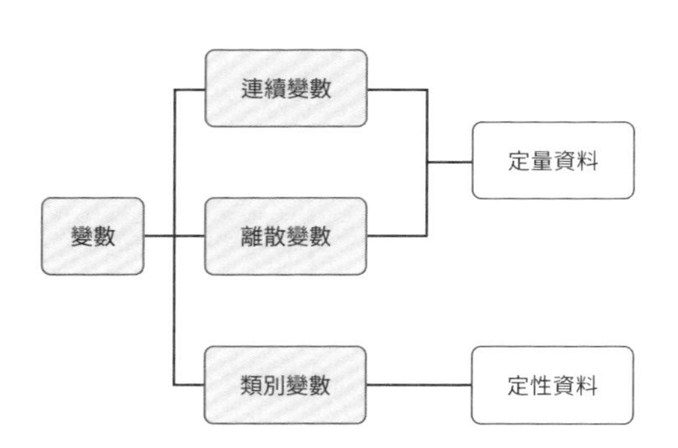

▲圖2-11　**變數與資料的關係**

2 定量資料與定性資料

各個變數得到的實際數值（實現值）即是資料。如同前述，數值資料的意義因變數的類型而異。

連續變數與離散變數的資料
→定量資料

若大致區分的話，像連續變數與離散變數這樣，資料的數值存在著數學上的大小關係，這種資料就稱為定量資料。

【定量資料的例子】

- 以物品或動物為對象的測量資料
- 以企業之類的商家為對象的銷售額資料

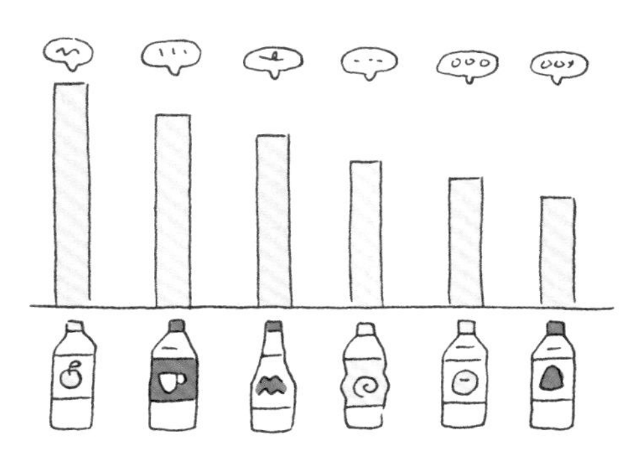

各種飲料的銷售額

類別變數的資料
→定性資料

反之，像類別變數這樣，數值只是名義，或者只是代表順序，這種資料則稱為定性資料。

定量資料與定性資料的差別，直接影響了分析資料的方法。因為各類型的資料都有自成一系的方法論。

另外，本書第3章～第5章，介紹了各種資料分析方法與實際的應用例子，基本上會分成定量資料與定性資料2種狀況來解說，要注意喔！

【定性資料的例子】

- 以個人為對象的態度調查
- 以個人、家庭、事業單位為對象的社會調查

3　個體資料與總體資料

實際進行資料分析時，區別定量資料與定性資料固然重要，區別個體資料與總體資料也很重要。

個體資料→
量測各個對象的資料集

個體資料就如同社區活動的資料集，是實際向所有對象取得的調查結果資料，又稱為微觀資料（microdata）。這裡的個體（紀錄：record）是指，各個對象的資料點集合。

舉例來說，在社區調查的資料集中，「連續編號→1」之對象的資料點，分別是「問題1→1」、「問題2→38」、「問題3→0.5」、「問題4①→0」……「問題4⑧→1」，這些資料點的集合，就是對象1的個體（紀錄）。

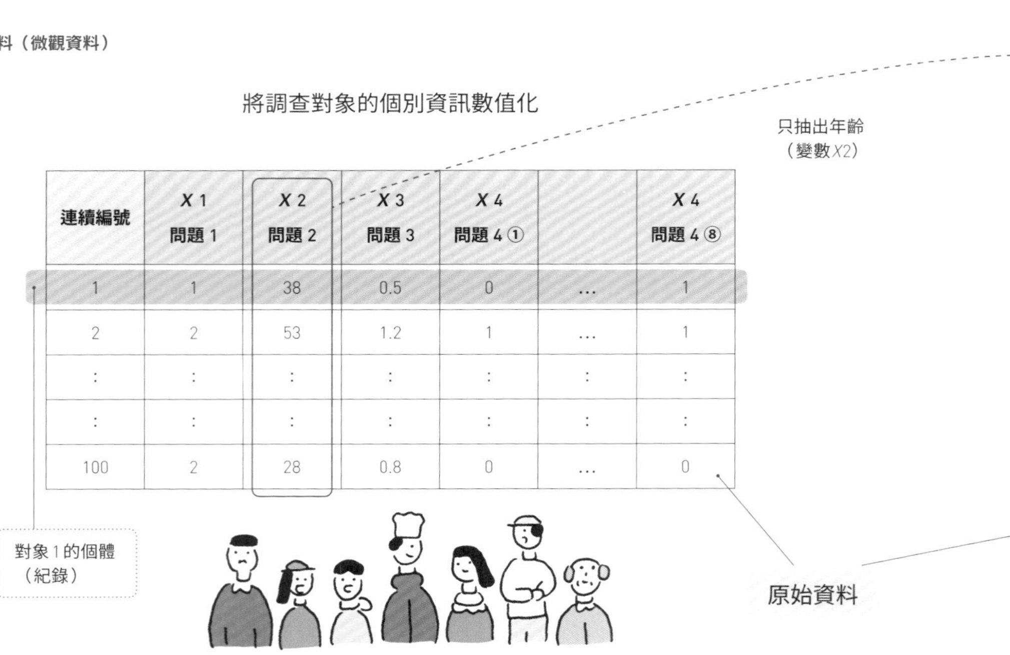

連續編號	X 1 問題 1	X 2 問題 2	X 3 問題 3	X 4 問題 4 ①		X 4 問題 4 ⑧
1	1	38	0.5	0	…	1
2	2	53	1.2	1	…	1
:	:	:	:	:	:	:
:	:	:	:	:	:	:
100	2	28	0.8	0	…	0

▲圖2-12　個體資料與總體資料

總體資料→
總計個體資料的資料集

至於總計個體資料後得到的資料，稱為總體資料或宏觀資料（macrodata）。

資料分析方法，是以分析者自行透過調查或實驗產生資料為前提開發出來的。也就是說，先決條件是要用個體資料來分析。但是，政府提供的官方統計或從網路取得的外部資料，大多基於資料保護（保護調查對象的隱私）觀點只提供總體資料。

即使以相同手法進行同樣的分析，個體資料與總體資料所代表的意義常常不同，所以要注意這點喔！

以10歲為組距

連續編號	X 2 問題 2
1	38
2	53
:	:
:	:
100	28

總體資料（宏觀資料）

年齡組距	X 2 問題 2
10～19	5
20～29	16
30～39	21
40～49	30
50～59	12
60～69	11
70～79	5

經過加工的資料

2-3

準備資料

建立調查資料，或是運用總體資料

對資料科學而言資料就是一切。
無論是親自調查或實驗來產生資料（客製的資料），
或是從外部蒐集資料（現成的資料），
想進行適當的資料分析就必須準備好的資料。

▼圖2-13　資料的產生過程

①設定問題 → **②設定母體** → **③製作調查表**

①設定問題

要實施好的調查，必須先明確訂出目的與問題。這個例子想知道的是，A市的市民參加了什麼樣的社區活動，以及市民對於各種活動抱持什麼樣的態度。

②設定母體

由於調查是以市民為對象，母體就是A市的市民。另外，這種類型的調查，資料的解釋會視對象為個人還是家庭而有所不同。這個例子是以市民的態度為問題，因此以個人為對象。

③製作調查表

調查者（A市）具體想知道什麼，就根據這點來決定題目。

題目盡量出少一點（題目一多回收率就會變低），並且要仔細檢查有無重複的問題、題目敘述是否引導作答者回覆特定的答案等等。另外，使用外部的總體資料時，如果能取得調查表，可以先檢查上述幾點。

調查表
1
2
3
4
5
6

1 透過調查蒐集資料——自行建立資料是基本原則

資料是解決問題的「工具」。配合自身使用方式的客製工具，要比供一般人使用的現成工具更加順手好用。資料也可說是一樣的道理。因此，這裡就以客製的資料為例，帶各位看看調查資料的產生過程。

圖2-13是以2-2「關於社區活動的問卷調查」為範例，說明調查資料的產生過程。

④抽出調查對象

從母體隨機抽出調查對象。

假如是市公所之類的行政機關，可使用居民名冊或選舉人名冊製作抽樣對象名單（母體名單、抽樣框架），從中抽出調查對象，但要注意的是，一般人沒辦法做到這種事。之所以無法隨隨便便進行調查，其中一個很大的原因就出在這裡。

⑤發送與回收調查表

要判斷調查資料的好壞，其中一項指標就是回收率。就算特地隨機抽出調查對象，如果得不到回答，還是會破壞回收成功的樣本整體的隨機性假設。

外部產出的總體資料也一樣，使用時要先檢視回收率。

column 網路調查

這裡的說明是以發送及回收紙本調查表為前提，除此之外還有一種方法是網路調查。不過要注意的是，網路調查很難設定母體，回收的作答結果（樣本）有很大的偏誤。

對於想解決的問題，直接自行調查建立資料本來是最理想的做法，而且若能自行建立資料，分析資料時也可隨意使用個體資料。

但是，這種做法有成本與時間的問題，沒辦法隨隨便便進行調查。所以，使用公家機關或研究機構提供的調查資料就成了常見的做法。

要注意的是，如果是這類調查資料，可使用的資料幾乎都是總體資料。不過，就算要使用外部產出的總體資料，也得知道資料是經由何種過程產生的，這點對於判斷資料的好壞十分重要。

2　透過網路蒐集資料

可透過網路蒐集的外部資料為總體資料

透過調查，直接取得想知道的資料，對一般人而言並非易事。就算想知道日本的總人口，也不太可能靠個人調查得到答案。這種時候，可以考慮使用外部產出的資料。

最近，各種行政機關與企業生產的資料，已能夠透過網路輕鬆取得。這類外部資料因為基於「保護個資（個人或家庭的資料）」、「營業祕密（企業）」等考量，絕大多數都是提供總體資料。因此，跟個體資料相比使用起來較為不便，使用時要注意。另外要先確定，在網路上取得的資料，是來源明確，並且清楚標示產生方法的資料。使用來歷不明的資料是很危險的。

透過網路取得的總體資料問題點

透過網路取得的總體資料，有各式各樣的問題要面對。因此，這裡以政府的統計資料（官方統計）為例，帶各位來看其中一個問題。各部會製作的統計資料，大多可透過總務省統計局的「e-Stat」入口網站檢索及取得（圖2-14）。

我們試著在這個網站搜尋關鍵字「人口普查」，取得日本各年齡的就業人數資料吧。

▲圖2-14 e-Stat（總務省統計局）

圖2-15是按年齡統計的2015年靜岡縣各市町就業人數，圖2-15-1的各年齡別就業人數資料，只提供靜岡市與濱松市的資料，其他市町（靜岡縣沒有村）只公布以5歲為組距的就業人數資料（圖2-15-2）。這是因為若公布小市町的各年齡資料，有可能讓人認出某個人的身分。所以要注意，使用外部的總體資料時，無法隨意變更統計的範圍，即使想進行精細的分析也有極限。

▼圖2-15 靜岡縣各市町村的就業人數

2-15-1 年齡別就業人數

年齡	靜岡縣	靜岡市	濱松市
15歲	316	46	76
16歲	981	168	199
17歲	1,474	265	285
:	:	:	:

2-15-2 年齡組距別就業人數

年齡組距	靜岡縣	靜岡市	濱松市	沼津市	熱海市	…
15~19歲	22,452	4,256	5,091	972	267	…
20~24歲	102,938	19,879	23,245	4,840	868	…
25~29歲	145,762	26,672	32,984	7,128	901	…
:	:	:	:	:	:	:

靜岡市與濱松市提供的是各年齡的就業人數，其他市只提供以5歲為組距的資料。

資料整形

整形蒐集到的資料是很重要的

要做出美味料理，食材的前置處理是必不可缺的，
同理，要進行良好的資料分析，資料同樣需要前置處理。
輸入錯誤或遺漏值等問題都必須做適當的處理，這種前置處理稱為資料整形。
由於是將未經處理的「髒資料（dirty data）」整理乾淨，
這道程序又稱為資料淨化。

1 何謂資料整形——要有效率地進行有效的資料分析，資料整形是很重要的程序

分析蒐集到的資料之前，為了讓資料使用起來更方便，事先整理、整頓資料是很重要的。整理、整頓資料，在資料科學上稱為資料整形，分析結果的成敗，取決於「整形」的好壞，這麼說一點也不為過。

另外，這裡說的整理、整頓，不只是要讓資料變得更好使用，還包括將資料清理乾淨，排除輸入錯誤與問題點等等。因為這個緣故，資料整形又稱為資料淨化（data cleansing或data cleaning）。

圖2-16的4道程序，是資料整形該做的最基本的作業。

修正輸入錯誤的資料

首先是「修正輸入錯誤的資料」，這點當然無庸贅言。

如同字面上的意思，對資料科學而言「資料」就是一切。因此，若不修正輸入錯誤的資料就進行分析，當然會導出帶有偏誤的結果。各位一定要注意喔！

統一資料的標記方式

關於「資料的標記方式」，尤其是透過調查等方式自行輸入、建立資料時更要注意。

P.48的圖2-17，是關於某量販店供貨商的虛構資料集。檢視當中的變數「供貨商」的文字資料可發現，ID1是「資料商事（股）」，ID2是「資料商事股份有限公司」。

如果兩者是不同公司就沒問題，但若是同一家供貨商，電腦會將兩者視為不同的「供貨商」。

同樣的，ID3與ID100從外觀就能看出，兩者很顯然是同一家供貨商，但「科學」與「股份有限公司」之間有無空格，可能會使電腦將兩者視為不同的文字資料。因此輸入

▼圖2-16 資料整形的基本作業

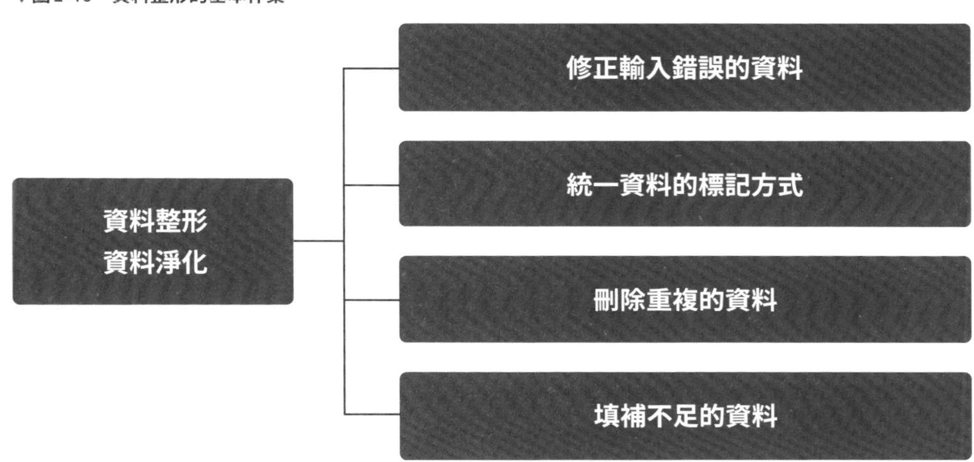

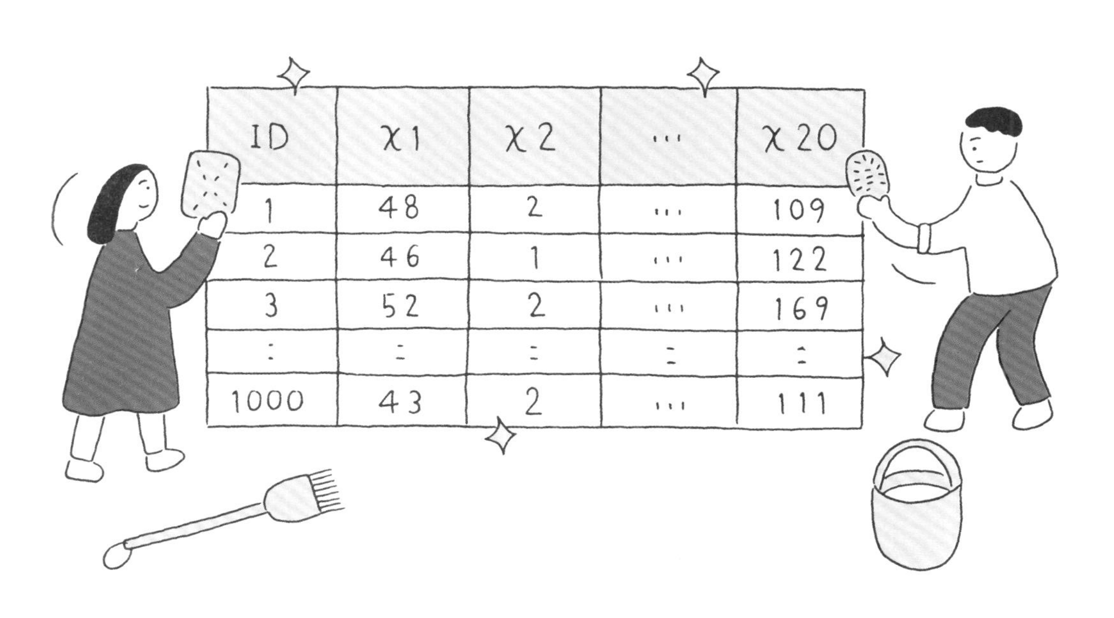

資料（尤其是文字資料）時，必須統一標記方式。

刪除重複的資料與填補不足的資料

刪除重複的資料與填補不足的資料，是從外部蒐集總體資料時經常發生的問題。刪除重複的資料時，只要從已蒐集的資料當中剔除重複的資料即可，所以只要仔細檢查「什麼資料重複了」，就能進行資料淨化。

不過，填補不足的資料時，有可能面臨無法蒐集到資料的情況，所以要注意喔！

同一家公司？或是不同家公司？

ID	進貨商品	供貨商	單價	數量	…
1	商品 001	資料商事　（股）	100	720	…
2	商品 002	資料商事股份有限公司	120	1200	…
3	商品 003	科學　股份有限公司	80	900	…
:	:	:	:	:	:
100	商品 100	科學股份有限公司	500	765	…

外觀看起來是同一家公司，但電腦判斷為不同家公司

▲圖 2-17　整形資料時統一標記方式是很重要的

2 完全資料與不完全資料——含有遺漏值的不完全資料是扭曲分析結果的因素之一

自行調查並建立資料時，常會面臨回收的調查表上有些題目未作答的情況。不消說，無回答的資料點，只能當作無資料數值來處理。

這類不存在的資料點稱為遺漏值，含有遺漏值的資料集稱為不完全資料。反之，沒有遺漏值的資料集則稱為完全資料。

圖2-18是請100位對象回答10個題目（變數$X1$～$X10$），然後按調查結果製作而成的資料集。ID2的「$X2$：問題2」、ID3的「$X3$：問題3」、ID100的「$X10$：問題10」是空白的，這個部分的資料點屬於遺漏值，由此可知圖2-18的資料集是不完全資料。

實際分析資料時，必須先定義什麼狀況屬於遺漏值，例如代表遺漏值的資料點是「空白」，或者數值不可能是題目的答案，好比說輸入「999」之類的數值。

值得注意的是，「空白」只代表它是遺漏值，並非為「0」。

圖2-18的「$X3$：問題3」ID100的資料點輸入「0」，這代表資料點是「0」，跟ID3的「空白」是不同的意思。

不完全資料在個體資料上很常見，不過從外部蒐集的資料也可能含有不完全資料，所以要留意喔！

由於不完全資料是「缺少本來該有的資料」的資料，使用這種資料進行分析，有可能扭曲「本來該有的完全資料分析結果」。為了解決這個問題，現已開發出以估計值取代遺漏值修補不完全資料，將其復原成接近完全資料的資料集之技術（例如單一插補法與多重插補法）。

另外，使用估計值修補遺漏值的做法，稱為「填補」或「插補」，廣義來說填補遺漏值也算是一種資料整形。

遺漏值

ID	$X1$ 問題1	$X2$ 問題2	$X3$ 問題3	… …	$X10$ 問題10
1	1	38	0.5	…	358
2	2		1.2	…	400
3	1	53		:	129
:	:	:	:	:	:
100	2	28	0	…	

▲圖2-18 不完全資料與遺漏值

3 離群值——判別與處理離群值是資料淨化的一環

檢查各變數已整理的資料時，可能會發現資料集含有極大數值或極小數值的資料點。另外，實際分析資料時也可能會發現這種資料點。

以變數來說數值極大或極小的資料點，稱為離群值或異常值，有無這種資料點，對分析結果會造成很大的差異，因此這是資料淨化的對象。不過需要經過非常仔細的檢查。

拿調查資料為例，假如是像圖2-17（→P.48）那樣，單純是輸入資料時發生失誤，只要重新檢查調查表就能夠修正過來。另外，若是調查的作答者填錯答案，有時只要考量變數的意思，就能發現那是填寫錯誤。

圖2-19是虛構的某大學學生調查資料集，從這個資料集來看，可能是離群值的數值至少有2個，分別是ID100的「身高」與「父母的年收入」數值。

關於變數「身高」，這題的答案要以「公尺」為單位，ID100的數值卻是「170」。可能是作答者不小心以「公分」為單位寫成「170」，跟該變數的其他數值一比較就能看出，這很明顯是填錯了。

至於「父母的年收入」，就沒辦法判斷一定是填錯。假使作答者誤把單位「萬日圓」看成「日圓」，如果父母那一年處於「失業狀態」，3.5萬日圓這個數值未必能夠說是「不合理，所以不是事實」。另外，就算作答者確實知道單位是「萬日圓」，3億5千萬日圓這個數值應該也不能說是「不合理，所以不是事實」。

■ 難以判斷離群值的情況

如同上例，離群值常常不容易判斷是否為真正的數值。這種時候，可以直接將離群值包含在資料集裡，不當作資料淨化的對象。不過，使用含有離群值的變數進行分析時，最好要先知道此變數含有離群值，並選擇不太會受離群值影響的資料分析方法。

另外，關於判斷資料點的數值是否為離群值的標準，以及不受離群值影響的手法，請參考接下來的第3章。

如同上述，使用未經整形的資料時，有可能會扭曲分析結果，從而扭曲事實做出錯誤的解釋。

再強調一次，對資料科學而言「資料就是一切」。資料分析的素材——最重要的資料如果不完備，分析結果當然就會出現偏誤，使得可信賴性大打折扣。

這就好比優秀的廚師（分析者），即使按照完美的食譜（資料分析方法）大展廚藝，假如食材（資料）不好的話仍做不出美味的料理（分析結果）。

ID	年級	性別	身高　(公尺)	…	父母的年收入(萬日圓)
1	1	男	1.81	…	490
2	2	女	1.56	…	600
3	3	女	1.48	:	530
:	:	:	:	:	:
100	1	男	170	…	35000

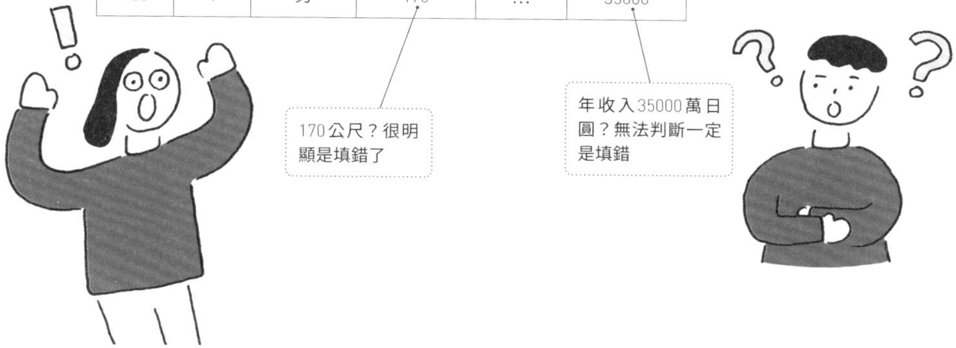

170公尺？很明顯是填錯了

年收入35000萬日圓？無法判斷一定是填錯

▲圖2-19　是填錯或是離群值？

4 選擇偏誤——選擇偏誤也是扭曲分析結果的因素之一

就扭曲分析結果這點來說，選擇偏誤也有相同的問題。雖然選擇偏誤跟資料整形沒有直接關聯，這裡還是先跟各位提一下吧！

選擇偏誤是指，進行調查或觀察時，從本該當作對象的集團裡，選擇偏於某個方向的部分對象，導致資料或分析結果產生偏誤。

圖2-20是虛構的內閣支持率網路調查結果，作答者共有100人。從這項調查結果來看，內閣支持率有40%，乍看或許可以判斷「有40%的國民支持內閣」。或者可以認為，雖然這是僅對100人實施的調查，所以會有某種程度的誤差，不過就算扣掉誤差，支持率可能仍有4成左右。

但要注意的是，網路調查是在網路上徵求作答者請他們回答問題。協助這類調查的作答者，大多是「非常關心政治的人」、「特別支持這個內閣的人」，或是「特別討厭這個內閣的人」，未必可以說是代表「國民」的聲音。

如同「沉默的大多數」一詞的意思，這種調查結果不能算是反映對政治不怎麼感興趣的大多數人的意見，無法代表「國民」的聲音。像這樣因選擇特定對象而產生的偏誤，就稱為選擇偏誤。

■ 回收率的問題

這項調查若是採抽樣調查，而非網路調查，仍會發生同樣的情況。抽樣調查是從母體（國民）隨機抽選對象，所以抽選對象時似乎沒有發生選擇偏誤的餘地。

不過，問題是回收率。通常這類調查的回收率鮮少達到100%。實際上，多數調查的回收率都低於50%。回收率低，意謂著非

對於現在的內閣	作答人數	構成比
支持	40	40%
不支持	30	30%
不知道	30	30%
合計	100	100%

▲圖2-20　內閣支持率的網路調查結果

回應者很多，導致這種狀況的原因推測跟網路調查的情況一樣。於是，調查就有可能發生選擇偏誤。

關於選擇偏誤的修正方法，目前有各式各樣的研究正在進行，但還不能說已確立了標準的手法。不過，仔細審視調查或觀察的方法、調查資料的回收率等等，評估選擇偏誤的可能性，可以說是跟資料整形同樣重要的「資料分析的第一工程」吧。

問卷結果真的是國民的意見嗎？

第3章

解讀資料

——資料分析的第二工程——

A先生是一名在某超市任職的行銷專員，
老闆指示他使用每日的銷售資料，調查顧客的購物動向。
本章就以超市的銷售調查為例，
帶各位看看資料的解讀方法。

3-1

總計資料並且視覺化

讓資料吐露有意義的資訊

不消說，就算整形蒐集到的資料並建立資料集，那也只是單純的數值集合，
單憑這種東西無法獲得新發現或有幫助的資訊。
必須讓資料吐露「有意義的資訊」才行。

1　掌握資料的分布——單純合計與交叉合計

要「讓資料說話」，首先該做的就是，總計各變數的資料觀察分布的特徵。由於目的是「觀察分布的特徵」，利用圖表視覺化也是有效的做法。以下就分成定量資料與定性資料2種情況，帶各位看看資料的總計與圖表的作用。

①定量資料的情況

如果是定量資料，尤其是含小數點的連續變數資料，就算直接總計，多半也看不出分布的特徵。

圖3-1是來這家超市購物的顧客，某一天的購物金額資料。從這張圖表可知，當天購買商品的顧客有100人，但由於購物金額是以1日圓為單位，光看資料的話，完全無法掌握購物金額分布的特徵。因為顧客的購買品項組合千差萬別，購物金額也各不相同。

■ 試著製作次數分配表

如同前述，如果是定量資料（尤其是連續變數的資料），就算直接總計資料也無法掌握分布的特徵。因此，A先生決定製作次數分配表。

次數分配表，是按一定的區間（組距）劃分資料後總計而成的表。圖3-2是A先生按一定的區間劃分這家超市的顧客購物金額，然後總計這份資料製作而成的次數分配表。另外，各金額的區間稱為組距，購物金額在組距範圍內的顧客人數稱為次數。

金額是定量資料，以一定的範圍劃分資料，再總計範圍內的人數，就能釐清購物金額分布，掌握各種特徵。例如其中一項特徵，就是「超過4成的顧客，購物金額為2000～4000日圓；超過6成的顧客，購物金額為2000～6000日圓」。

定量資料製作成次數分配表後就容易看出各種特徵。

▼圖3-1　超市某一天的顧客購物金額　購物金額的分布

資料集

顧客No.	購物金額
1	2,785日圓
2	5,972日圓
3	10,238日圓
:	:
100	3,480日圓

購物金額的分布

購物金額	顧客人數
250日圓	1人
1,311日圓	1人
2,785日圓	1人
:	:
19,560日圓	1人
合計	100人

如果只列出購物金額，看不出多數的顧客花了多少錢。

▼圖3-2　根據購物金額製作次數分配表

金額組距	次數（人）	相對次數（%）
未滿2,000日圓	8	8%
2,000日圓以上未滿4,000日圓	41	41%
4,000日圓以上未滿6,000日圓	20	20%
6,000日圓以上未滿8,000日圓	8	8%
8,000日圓以上未滿10,000日圓	5	5%
10,000日圓以上未滿12,000日圓	6	6%
12,000日圓以上未滿14,000日圓	4	4%
14,000日圓以上未滿16,000日圓	3	3%
16,000日圓以上未滿18,000日圓	2	2%
18,000日圓以上未滿20,000日圓	3	3%
合計	100	100%

超過4成的顧客，購物金額為2,000日圓～4,000日圓

超過6成的顧客，購物金額為2,000日圓～6,000日圓

製作次數分配表，就可知道多數顧客的購物金額是多少。

次數分配表…按一定的區間（組距）劃分資料後總計而成的表。
組距…為了總計資料個數而劃分的範圍（區間）。
次數…組距範圍內的個數。　**相對次數**…在整體中所占的比率（%）。

②定性資料的情況

不同於定量資料，定性資料的尺度是名義，直接總計資料（單純合計），就能掌握各個變數的資料分布與特徵。

圖3-3是針對當天顧客在超市購買的商品（購買＝1，未購買＝0）整形而成的資料集，以及最多顧客購買的品項前5名總計結果。

雖然超市有無數種商品，只要像這樣直接合計資料集，就能總計所有的商品購買人數，也能像圖3-3那樣，呈現前幾名的商品總計結果。

■ 交叉合計

另外，這個資料集是按各項商品的類別變數製作而成，如果還包含「性別」之類的類別變數，就能組合此變數，合計性別與購買商品這2個變數，掌握資料分布的特徵。像這樣合計2個變數的做法稱為交叉合計。

於是，A先生在圖3-3的資料裡，加入「性別」（男性＝1，女性＝2）變數，製作如圖3-4-1的資料集，然後針對顧客最常購買的「商品718」，以性別進行交叉合計。結果如圖3-4-2所示。

從這項總計結果來看，「商品718」有2

▼圖3-3　單純合計商品的購買人數

針對各個顧客有無購買商品這點整形而成的資料集

顧客No.	商品001	商品002	…	商品718	…	商品xxx
1	0	0	…	1	…	1
2	1	0	…	1	…	0
3	1	1	…	0	…	0
:	:	:	:	:	:	:
100	0	1	…	1	…	1

最多顧客購買的5種品項購買人數

商品編號	購買人數
718	85
018	76
216	71
359	68
540	65

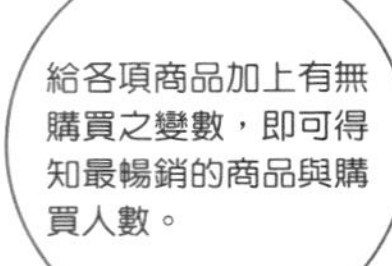

名男性顧客購買（約占男性顧客的7%），女性顧客則有50名（約占女性顧客的91%），由此可知這是許多女性顧客會購買的商品。另外，從當天的資料也可看出，女性顧客比男性顧客多。

　　總而言之，交叉合計的優點就是，可釐清單純合計看不到的資訊。

定性資料進行交叉合計後，即可得知各種特徵。

若以Excel進行交叉合計，要使用樞紐分析表功能。

▼圖3-4　交叉合計商品的購買人數

3-4-1　除了各顧客有無購買商品外再加上性別變數的資料集

顧客 No.	性別	商品 001	商品 002	…	商品 718	…	商品 xxx
1	2	0	0	…	1	…	1
2	1	1	0	…	1	…	0
3	1	1	1	…	0	…	0
:		:	:	:	:	:	:
100	2	0	1	…	1	…	1

交叉合計…組合2個題目（變數）進行總計。使用交叉合計，可得知2個項目的關聯性。

給原本的資料集加上性別變數後……

3-4-2　針對商品718，按性別進行交叉合計

性別	商品 718		
	購買	未購買	合計
男性	2	28	30
女性	50	5	55
合計	52	33	85

2 各種圖表——使用圖表透過視覺掌握資料的分布

要檢視資料的分布，總計是不可或缺的程序，如果想迅速掌握分布的特徵，可使用圖表將總計結果視覺化。最近由於Excel之類的軟體普及，要製作圖表也不再是件難事。接下來就為大家介紹，最基本的圖表與運用方式。

①長條圖

要將圖3-2（→P.57）購物金額的「次數」，或是圖3-3（→P.58）的「購買人數」製作成圖表，適合使用長條圖。不過要注意的是，圖3-2的總體資料與圖3-3的總體資料，兩者的圖表呈現方式略有不同。

圖3-5與圖3-6，是A先生以圖3-2及圖3-3的總體資料製作而成的圖表，雖然兩者都是長條圖，但呈現方式有很明顯的差異。圖3-5的長條圖，直條是相連的，反觀圖3-6的長條圖，每個直條都是分開的。這是因為製作圖表所用的資料變數不一樣。

圖3-5的長條圖，是根據圖3-2的次數分配表製作而成，而圖3-2原本是總計「購物金額」這個連續變數。也就是說，因為資料是「連續值」，代表組距的圖表橫軸也是「連續值」，所以代表次數的直條也要相

▼圖3-5 購物金額（直方圖）

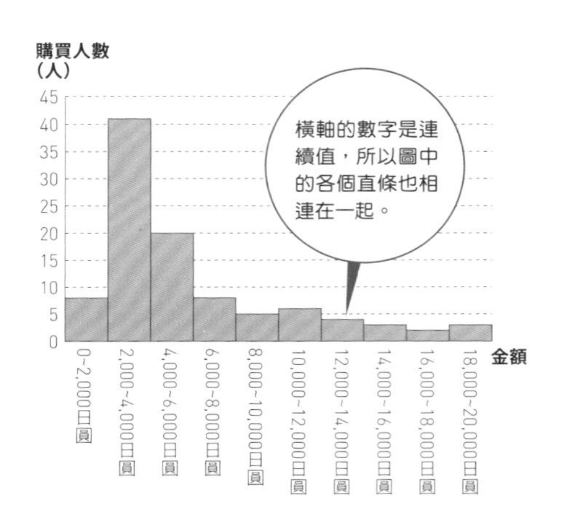

▼圖3-6 商品的購買人數（直條圖）

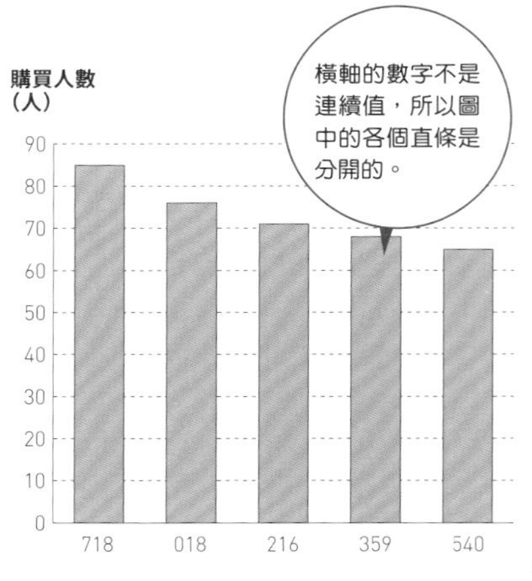

▼圖3-7 購物金額（圓餅圖）

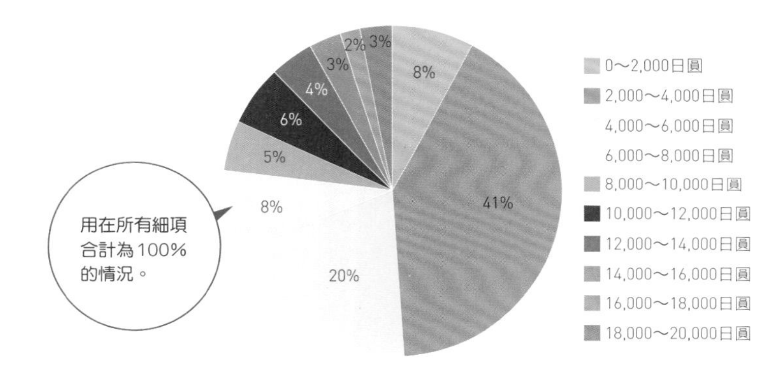

連。這種長條圖稱為直方圖（histogram）。

至於圖3-6的長條圖，是以直條代表各項商品的購買人數總計結果。橫軸商品編號的數字，只不過是識別商品用的符號，所以直條必須分離開來。

②圓餅圖與帶形圖

前面提到圖3-2購物金額的「次數」，基本上是用長條圖（直方圖）呈現，至於次數分配表中的「相對次數（在整體中所占的比率）」或構成比，則適合用圓餅圖呈現。

圖3-7是以圓餅圖呈現圖3-2的相對次數，從這張圖也看得出來，圓餅圖是用在所有細項（這裡是指組距的相對次數）合計為100%的情況。另外，將圖3-4的2個類別變數進行交叉合計，比較男女之間的差異時，使用圓餅圖也很方便。

下一頁的圖3-8，是根據圖3-4的總體資料（→P.59）製作的2張圓餅圖，分別展示男性與女性的商品編號718購買人數交叉合計結果。只要比較這2張圓餅圖，就能清楚知道男女之間的差異。

不過，圓餅圖必須按項目（這裡是指男女）個別製作才行，有時圖的數量會很多。這種時候，可以使用圖3-9那種帶形圖（橫條圖），將圖表變得更小巧簡潔一點。

▼圖3-8　商品編號718的購買人數（圓餅圖）

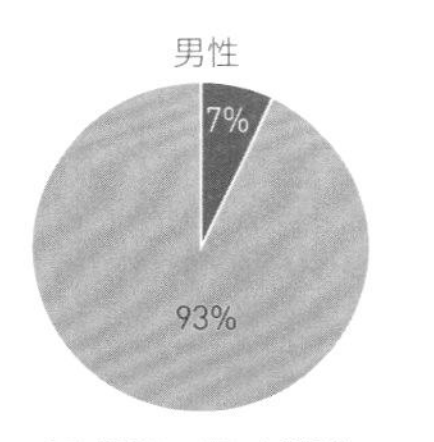

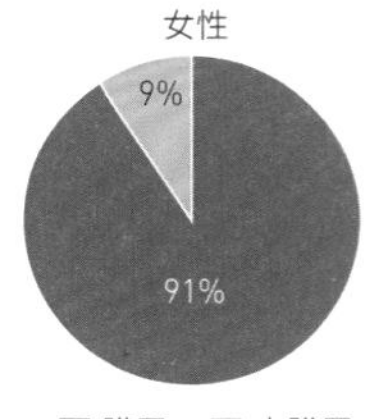

▼圖3-9　商品編號718的購買人數（帶形圖／橫條圖）

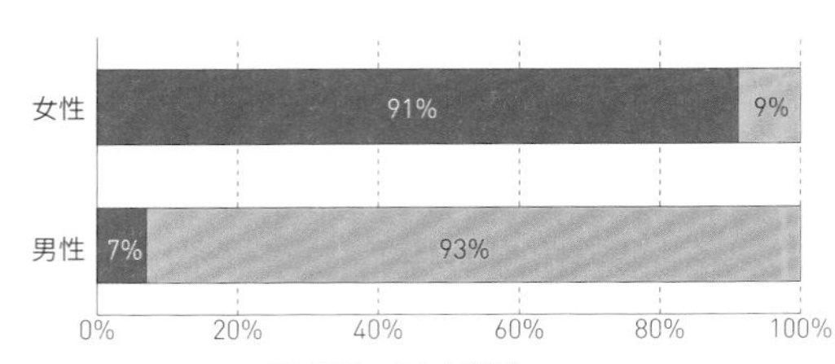

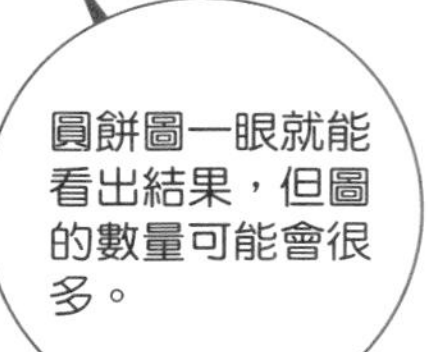

當圖的數量很多時，使用帶形圖就很方便。

▼圖3-10　過去4週的各天銷售額

星期	第 1 週	第 2 週	第 3 週	第 4 週
日	500	630	550	600
一	20	110	95	200
二	250	270	230	260
三	300	280	380	400
四	200	220	210	180
五	350	390	250	300
六	600	680	640	630

時間序列資料製作成折線圖比較容易看出各個時間的變化。

▼圖3-11　過去4週的銷售額變遷（折線圖）

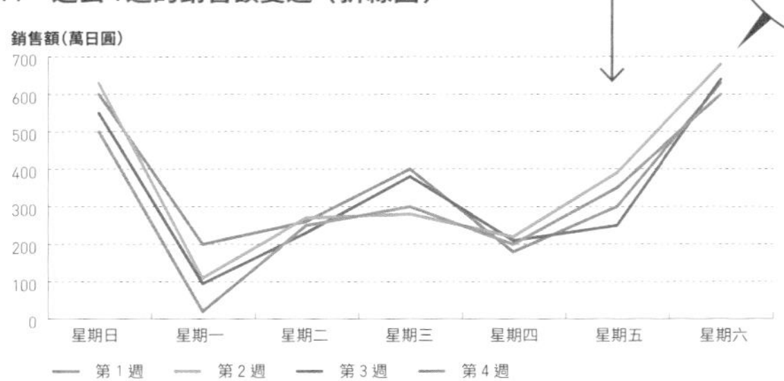

③折線圖

隨著時間變化的資料稱為時間序列資料。舉例來說，如果能每天記錄這家超市的單日銷售額，就可以建立反映銷售額變化的時間序列資料。

圖3-10是A先生分別針對星期一到星期日，總計過去4週單日銷售額的結果。不過，只看這張統計表的話，無法得知銷售額有什麼變化或特徵。因此，A先生決定根據這份總體資料製作折線圖。結果如圖3-11所示。從這張折線圖可以看出以下特徵：銷售額最多的日子是星期六與星期日，之後以星期三為分界，星期一與星期四的銷售額都是減少的。

④雷達圖

圖3-10的資料是隨著時間推移，總計星期一到星期日各天的銷售額，因此可從圖3-11的折線圖掌握各天的銷售額模式。若想運用這項資訊，檢視各天的銷售額有無固定的模式，不妨製作雷達圖看看。

雷達圖是將數個總計結果畫在正多邊形的圖上，再畫線將這些結果連起來的圖。如果各總計結果連起來的形狀接近正多邊形，代表各總計結果的數值幾乎相同，反之若呈歪歪扭扭的多邊形就代表有偏誤。

圖3-12是A先生使用圖3-10的資料製作的雷達圖。此圖展示的是，星期日到星期六各天的銷售額總計結果，如果這7天的銷售額都一樣，雷達圖的形狀會是正七邊形。但是從這張雷達圖來看，無論哪一週都是星期六與星期日的銷售額偏高，形狀同樣都呈現扭曲的七邊形。換言之，這張雷達圖跟折線圖一樣，都能看出各天的銷售額有固定的模式。

▼圖3-12　過去4週的各天銷售額（雷達圖）

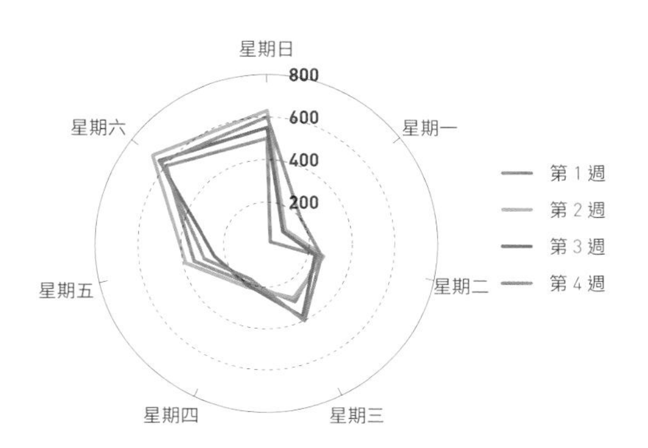

如同上述，單看數字看不出來的特徵，只要製作成圖表就能掌握清楚。總計資料與利用圖表視覺化，可說是資料分析中最基本的作業。

3-2

歸納資料的資訊

找出各資料的特徵，以及資料之間的關聯

如同3-1的說明，資料的總計與圖表化，
是進行資料分析時最基本的作業。
完成這些作業，對各個變數的特徵與變數之間的關聯有了一定程度的掌握後，
還需要再經過各種計算，將這些特徵與關聯整理得更加詳盡。

1 取得資料的資訊——資料的資訊是指資料的離散情形

用來分析資料的計算方法，在統計學上稱為統計方法或資料分析方法。

資料分析方法是指，能得出「有意義的資訊」的數學方法。那麼，所謂的「有意義的資訊」是指什麼呢？這裡先針對這個問題稍微補充一下吧！

先從結論來說，標準的資料分析方法所指的資訊，就是資料的變異（離散）情形。變異（離散）的意思則是，各個資料的數字都不相同。

圖3-13是A先生針對某一週，總計超市販售的商品A～D單日銷售額（萬日圓）所得

▼圖3-13　商品A～D的單日銷售額

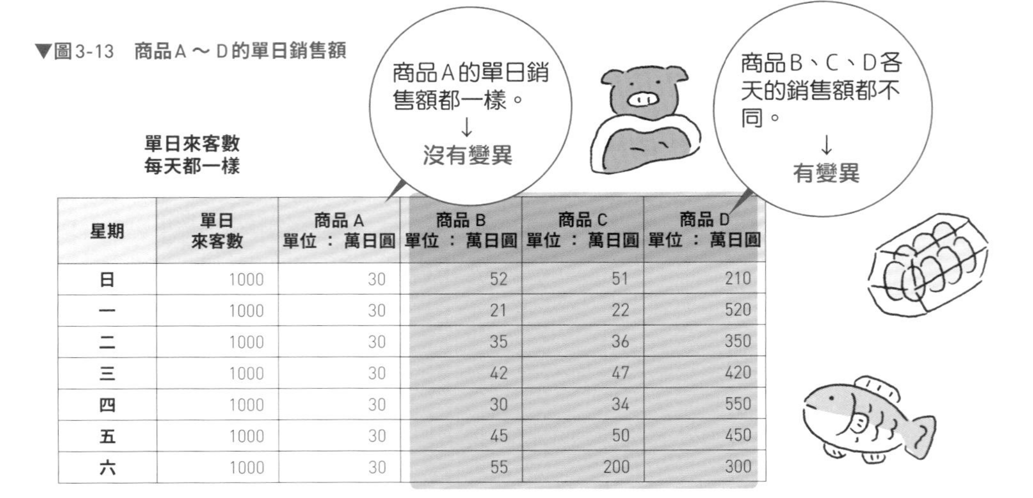

星期	單日來客數	商品A 單位：萬日圓	商品B 單位：萬日圓	商品C 單位：萬日圓	商品D 單位：萬日圓
日	1000	30	52	51	210
一	1000	30	21	22	520
二	1000	30	35	36	350
三	1000	30	42	47	420
四	1000	30	30	34	550
五	1000	30	45	50	450
六	1000	30	55	200	300

的資料。另外，這些都是商品單價相同的類似商品。

從資料可以看出，當週的來客數每天都是1000人，商品A的單日銷售額完全相同，至於商品B～D每天都不同，落差很大。

若以資料分析的觀點，比較商品A與商品B～D的資料，商品A完全沒有變異（離散），所以不必看一週的資料，只要看某一天的資料就夠了，結論是只知道每天的銷售額為30萬日圓。

反觀商品B～D銷售額每天都有變異，只要進一步詳細調查變異的因素，或許就能像圖3-11（→P.62）那樣，釐清各天的銷售額變異模式。

如同上述，資料的變異，埋藏著查出變異因素就能得到「有意義的資訊」的可能性。反過來說，沒有變異的資料，能夠從中得出的「有意義的資訊」，除了「每天都一樣」外，基本上就沒有別的資訊了。

另外，圖3-13的資料，是以每天的來客數都一樣為前提，所以能對商品A的銷售額做出這樣的評論。如果來客數不同，每位顧客的平均銷售額也不一樣，這種時候就要注意，資料會變成有變異的資料，而非沒有變異的資料。

2 掌握單一變數的資料特徵——資料的特徵為代表值與離散

要透過資料分析方法掌握單一變數的資料特徵，亦即資料的分布特徵，基本上有以下2種方法。

首先是方法①：求出代表資料集合的數值（代表值），計算整份資料的大小。

再來是方法②：計算各個資料與代表值的間隔，當作整份資料的變異。

上述的資料分析方法，①稱為平均數，②稱為變異數與標準差。如果要再補充的話，還可以調查③離群值的影響。

這3點都很重要。

①求平均數

所謂的平均數，是用1個數值代表整份資料大小的代表值。不消說，每個資料都代表了1項資訊，因此將這些資料匯集成1個平均數，等於是將數項資訊（資料）歸納成1項資訊（平均數）。

■ 算術平均數

說到平均數，相信不少人都會馬上想到「將所有資料加起來，再用資料總和除以資料個數」這種計算方式。各位讀者應該也都計算過吧。

不過，這種平均數稱為算術平均數，它只是眾多平均數的其中一種。除此之外，還有「幾何平均數」與「調和平均數」這類平均數（→P.68）。

以代表值來說，算術平均數當然是最有效的平均數之一，但在某些資料分布狀況下會產生問題，事先知道這點也很重要。因此，這裡再舉另一種平均數「中位數（median）」做比較，帶各位看看這2種平均數的優點與缺點。

■ 算術平均數的問題點

圖3-14是A先生根據圖3-13的資料，計算商品B與商品C的算術平均數所得的結果以及計算過程。從結果可以看出，商品C的單日平均銷售額是62.9萬日圓，金額比商品B大了約1.6倍。

因此，如果不知道圖3-13的資料與圖3-14的計算過程，只接收平均數這項資訊的

▼圖3-14 商品B與商品C的算術平均數

算術平均數（單日平均銷售額）＝ 資料總和（各天的銷售額加總）／資料個數（天數）

商品B的算術平均數

①各天的銷售額加總

$$\frac{52+21+35+42+30+45+55}{7} = 40\text{萬日圓／日}$$

②除以一週天數（資料個數）

③單日平均銷售額（算術平均數）

商品C的算術平均數

①各天的銷售額加總

$$\frac{51+22+36+47+34+50+200}{7} = 62.9\text{萬日圓／日}$$

②除以一週天數（資料個數）

③單日平均銷售額（算術平均數）

算術平均數…資料總和除以資料個數所得的值。

▼圖3-15　著眼於商品C銷售額的離群值

離群值

仔細檢視
商品C的資料……

$$\frac{51+22+36+47+34+50+200}{7}=62.9\text{萬日圓／日}$$

排除離群值後
計算算術
平均數……

$$\frac{51+22+36+47+34+50}{6}=40\text{萬日圓／日}$$

只要有些許離群值，算術平均數的計算結果就大大不同。
→容易受到離群值的影響。

排除離群值後，
平均銷售額就跟
商品B一樣了。

話，由於兩者是單價相同的商品，我們多半會以為商品C賣得比商品B好。

但是，重新檢視圖3-13的資料會發現，商品C星期六的資料有1個問題點：2-4提到的「離群值」問題（→P.50）。檢視商品C星期日～星期六的銷售額資料，可以發現只有星期六的資料是「200萬日圓」，跟其他日子的銷售額相比差距懸殊。其實，如果排除星期六銷售額這個離群值，只算星期日～星期五這6天的平均值，計算結果為40萬日圓，可以發現它跟商品B的平均值是相同的。

如同上述，算術平均數的特徵就是，只要有些許離群值，計算結果就會產生很大的變化。若要使用算術平均數做比較，千萬別忘了檢查離群值。

■ **中位數**

先求受離群值影響較小的中位數，再以計算結果跟算術平均數做比較也是有效的做

column

各種平均數

算術平均數是最具代表性的平均數，除此之外還有對應各種用途的平均數。其中，跟算術平均數一樣常用的平均數，有幾何平均數與調和平均數。

幾何平均數是用來求成長率或上升率（下降率）等，這類變化率的平均數。例如，若想用某地區的地價資料，求跟前一年相比的變化率，檢視過去5年的年平均變化率，就會使用幾何平均數來計算，而非算術平均數。至於調和平均數是資料的倒數平均數，用於求平均時速之類的情況。

法。中位數（median）又稱為「位置的平均數」，顧名思義它不是計算出來的平均數，而是取決於資料的位置（順序）。求法很簡單，將變數的資料由大到小或由小到大排列，然後把位在中央的資料（正中間的資料）數值當作代表值。

圖3-16是將圖3-13商品B與商品C的資料由小到大排列。由於資料有7筆，個數為奇數，商品B與商品C位在正中間的資料，分別是42萬日圓與47萬日圓，而這就是中位數的數值。兩者的代表值都是40幾萬日圓，由此可知跟商品C的算術平均數63萬日圓左右有很大的差異。

如同上述，中位數不易受到極端的離群值影響，因此調查變數的代表值時，除了算術平均數外，也可以一併研究中位數的數值。

另外，圖3-16的資料個數為奇數，所以能直接抓出位在中央的資料。如果個數為偶數，則是將個數除以2作為基準，拿這筆資料與下一筆資料計算算術平均數。例如，資料若有8筆，就計算第4筆資料與第5筆資料的算術平均數當作中位數。

▼圖3-16　從由小排到大的商品B與商品C的銷售額找出中位數

由小到大	第1筆資料	第2筆資料	第3筆資料	第4筆資料	第5筆資料	第6筆資料	第7筆資料
商品B	21	30	35	42	45	52	55
商品C	22	34	36	47	50	51	200

中位數不易受到離群值的影響。

②求變異數與標準差

要掌握整份資料的變異，最常使用的計算方法就是變異數與標準差（變異數的平方根）。這些方法，是從計算各個資料之間的差異（變異）著手。具體來說，就是將「各個資料與算術平均數的差（偏差）」當作「各個資料之間的差異」。

圖3-18展示的是，A先生求圖3-13（→P.64）商品B的變異數所得的計算結果以及計算過程。

觀察分子可知，變異數是以「各個資料與算術平均數的差」的平方為尺度。這是因為如果不平方，直接合計「各個資料與算術平均數的差」，結果會等於0。

圖3-19是以圖表呈現A先生在圖3-18的計算過程。圖3-19[1]的縱軸是商品B的銷售額，每個點代表各天的資料點（銷售額）。紅線是代表算術平均數40萬日圓的分界線。

[2]以藍色虛線代表各天的資料點與平均值之間的距離（差）。這裡的「平均」就如同字面上的意思，是指平坦均勻，紅線之上的藍色虛線（正值）合計與紅線之下的藍色虛線（負值）合計相抵會剛好等於0，落在紅線的40上。因此，這樣沒辦法當作離散的尺度。

於是A先生試著將[2]的藍色虛線自乘，結果如[3]所示。換言之就是以各條藍色虛線為邊，求每個正方形的面積，再將這些面積的總和除以7，求面積的算術平均數。這就是變異數的概念。

另外，為了讓單位跟原本的資料一樣，必須求變異數的正平方根，這個數值則稱為標準差。

▼圖3-17　偏差、變異數、標準差的計算公式

偏差 ＝ 資料數值（各天的銷售額） － 算術平均數（單日平均銷售額）

$$\text{變異數} = \frac{(\text{偏差})^2 + (\text{偏差})^2 \cdots\cdots + (\text{偏差})^2}{\text{資料個數}}$$

$$\text{標準差} = \sqrt{\text{變異數}}$$

偏差…各個資料與算術平均數相距多少（各個資料之間的差異、資料的變異）。
變異數…各個資料的離散程度有多少（資料變異的算術平均數）。
標準偏差…變異數的平方根。

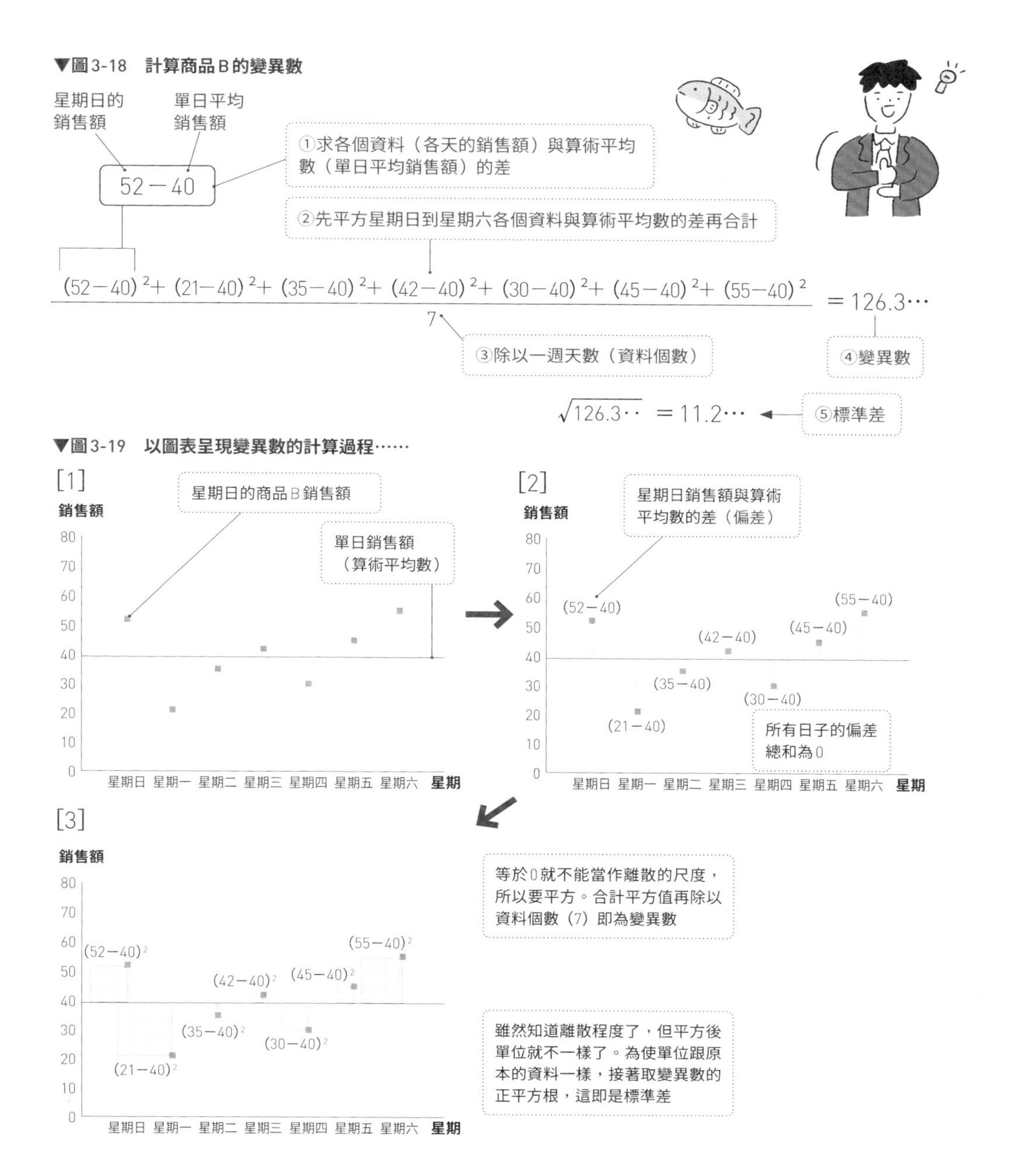

▼圖3-18　計算商品B的變異數

▼圖3-19　以圖表呈現變異數的計算過程⋯⋯

■ 變異係數

資料完全沒有變異的商品A，其變異數等於0。因此，變異數的數值越大，整份資料的變異往往也越大，這點需要留意。

圖3-20是A先生根據圖3-13（→P.64）的資料，調查商品B與商品D的變異大小所得的結果。變異數與標準差，都是商品D大於商品B，因此乍看之下商品D銷售額的離散程度似乎很大。不過，我們不能這樣單純比較。若著眼於算術平均數，會發現商品D大於商品B。

算術平均數若大，變異數與標準差也會隨之變大。舉例來說，就算同樣都是身高的資料，若以公分為單位的話（160），平均數當然就不用說了，變異數與標準差也都會大於以公尺為單位的資料（1.6）。

但是，因為要檢視同一種資料的離散程度，無論是公尺還是公分，單位都必須一致，否則數值不一樣大沒辦法比較。

為了避免這種問題，比較平均數不一樣大的變數變異時，使用變異係數會很方便。變異係數為標準差除以算術平均數。圖3-20

▼圖3-20　使用變異係數比較商品B與商品D的離散程度

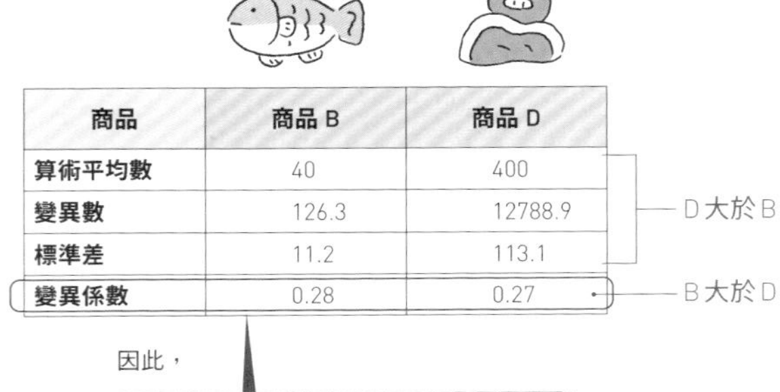

商品	商品B	商品D
算術平均數	40	400
變異數	126.3	12788.9
標準差	11.2	113.1
變異係數	0.28	0.27

因此，

資料的離散程度是以
變異係數＝標準差 ÷ 算術平均數

作為指標

也標示了變異係數的數值，由此來看，商品D的變異係數比較小，故資料的離散程度反而是商品D小於商品B。

③調查離群值的影響

如圖3-13所示，商品C的「星期六」銷售額，很明顯是離群值。不過，應該把什麼樣的數值視為離群值呢？事先知道判斷標準也是很重要的。

離群值有各式各樣的判斷標準，如果是單一變數，圖3-21那種使用四分位數的標準是最簡單且方便的。

另外，四分位數是將資料分成4等分的3個值。將資料由小排到大時，位在25%的資料是第一四分位數，位在50%的資料是第二四分位數，位在75%的資料是第三四分位數。因此，第二四分位數就相當於中位數。

▼圖3-21　**離群值的標準**

離群值的上限標準
≧第三四分位數＋1.5×（第三四分位數－第一四分位數）

離群值的下限標準
≦第一四分位數＋1.5×（第三四分位數－第一四分位數）

▼圖3-22　**四分位數**

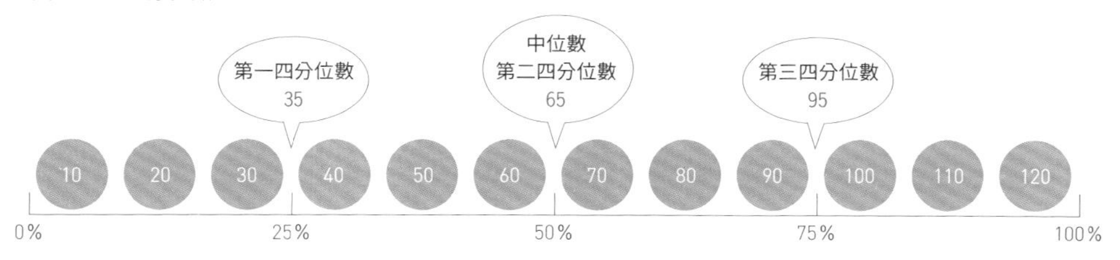

※範例是測量值為 0 到 120 的 12 個數值

四分位數…將資料分成4等分的3個值。

3 找出2個變數的關係——調查定量資料2個變數的關係時基本上使用相關係數

如同2-1的說明，如果是以類別變數為基礎的定性資料，2個變數之間的關係，可以透過交叉合計獲得某種程度的瞭解。反之，如果是以連續變數或離散變數為基礎的定量資料，則可以使用相關係數，直接以資料求出表示關係強度的數值。

不過，以相關係數呈現的2個變數之關係到底代表什麼意思呢？先弄清楚這點是很重要的。

■ 散布圖

圖3-23是A先生使用圖3-13（→P.64）資料中的商品B～D銷售額製作的圖，稱為散布圖。散布圖是將2個變數的尺度，分別放在縱軸與橫軸，以圖展示2個變數的資料點交點，因此適合用來掌握2個資料的關聯性。

圖3-23-1的橫軸是商品B的銷售額，縱軸是商品C的銷售額，點則代表這2項商品

▼圖3-23　商品B & C與商品B & D的散布圖

3-23-1

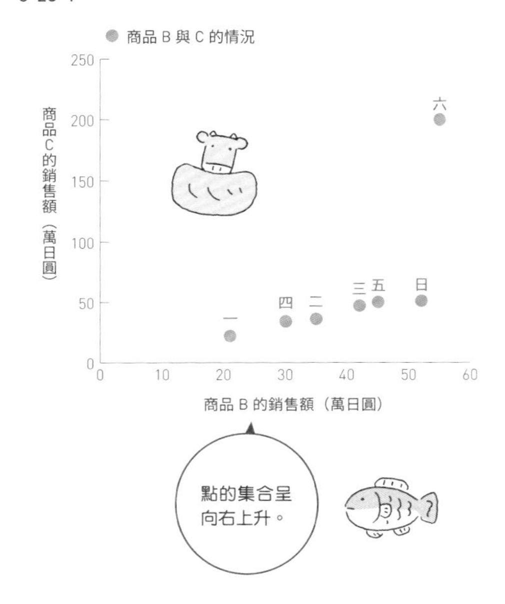

3-23-2

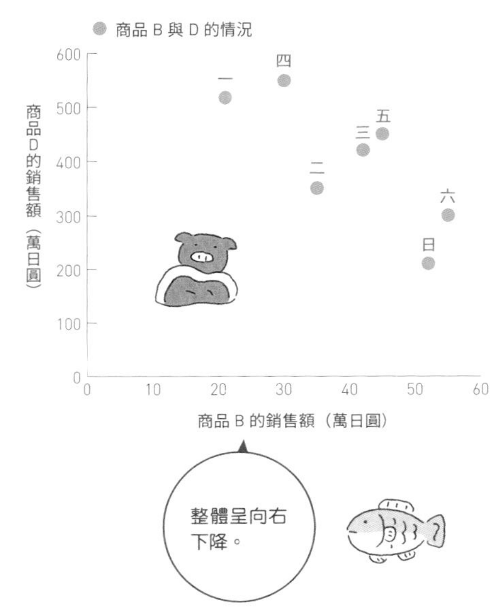

各天的銷售額。至於圖3-23-2的橫軸是商品B的銷售額，縱軸是商品D的銷售額，點同樣代表這2項商品的銷售額。

■ 相關關係

觀察圖3-23-1會發現，整體而言點的集合呈向右上升，反之圖3-23-2則呈向右下降。這意謂著，圖3-23-1的商品B熱賣那天商品C也賣得很好，商品B銷路不佳那天商品C也賣得不好。

反之，圖3-23-2的商品B熱賣那天商品D賣得不好，商品B銷路不佳那天商品D賣得很好。

這種帶有一種傾向的關係稱為相關關係，圖3-23-1這種相關關係為正相關，圖3-23-2這種相關關係為負相關。

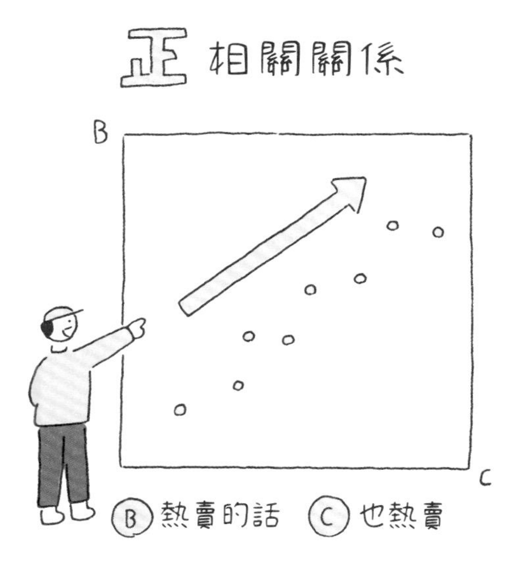

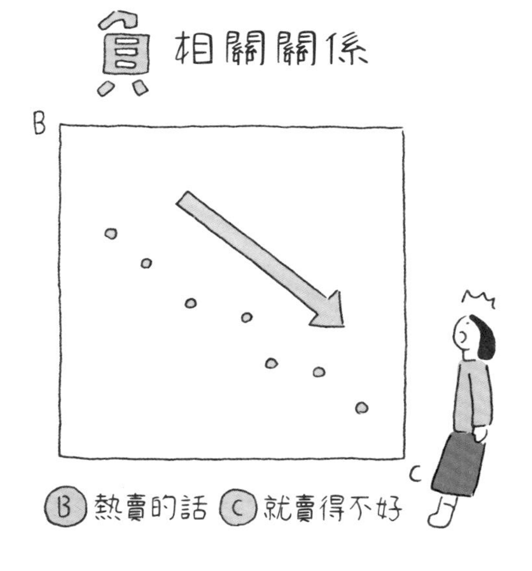

■ **相關係數**

相關關係不只代表有無關聯，關係的強度也具有重要意義。相關係數是表示關係強度的資料分析方法。

圖3-24是3張正相關的散布圖。

圖3-24-1，點的集合完全是一條向右上升的直線，若其中一個變數上升，另一個變數必然會下降一定的比率，兩者完全是正相關關係。

圖3-24-2的關係略比圖3-24-1鬆散，不過整體仍呈向右上升之傾向。相反的，圖3-24-3並未呈現向右上升的傾向，無法確定是正相關關係。也就是說，圖3-24展示的相關關係強度左邊最強，越右邊越弱。

相關係數常當作表示關係強度的尺度來運用。另外，相關係數的數值，正相關為介於0到1之間的數值，負相關則是介於0到-1之間的數值，絕對值越接近1相關程度越強。

圖3-25是商品B與商品D的相關係數計算步驟。如圖所示，計算相關係數時需要計算共變異數。

▼圖3-24　相關係數與散布圖

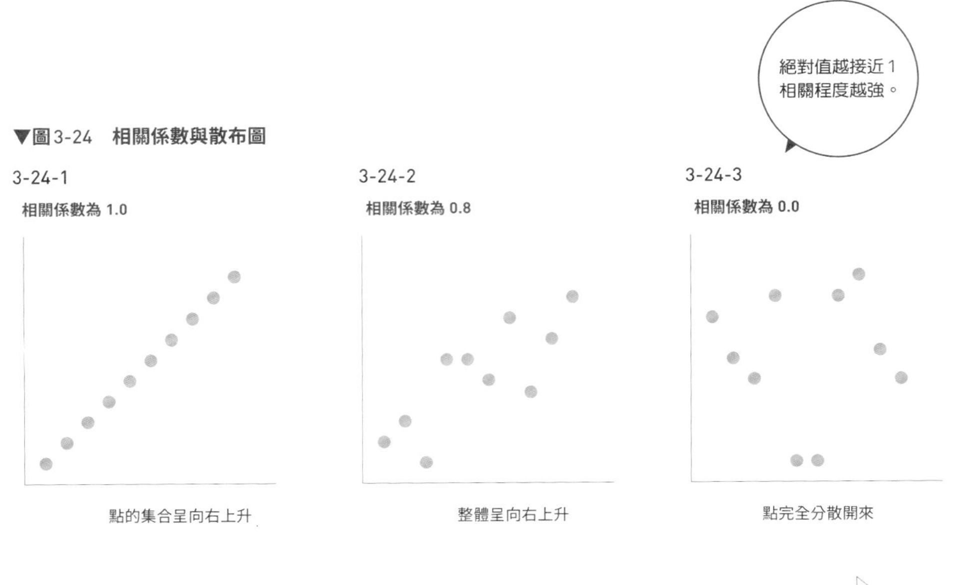

共變異數是觀察2個變數之間離散程度的指標。要注意的是，雖然共變異數跟變異數一樣都是觀察離散程度的指標，不過變異數是觀察單一變數的離散程度，共變異數是觀察2個變數的離散程度。

圖3-25的共變異數是針對所有資料，合計「商品B各個資料與算術平均數的差」與「商品D各個資料與算術平均數的差」的積，再除以資料個數7。換言之，共變異數跟變異數一樣，也是一種算術平均數。

A先生試著使用這個數值與標準差，求商品B與商品D的相關係數，計算結果為-0.79，可以確定是相當強的負相關。此外也可以從計算結果看出銷售額存在這樣的模式：商品B的銷售額是星期日、星期三、星期五、星期六比較多，反之商品D的銷售額是星期一、星期二、星期四比較多。

▼圖3-25 商品B與商品D的相關係數計算方法

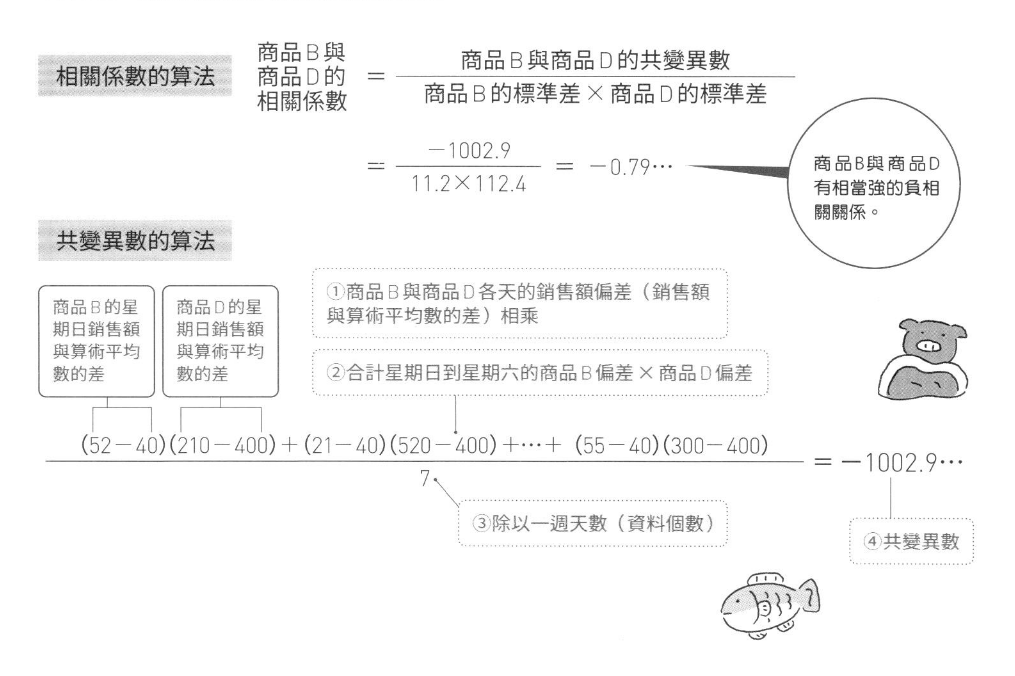

4 掌握多維資料的關係
——統一分析多維資料時基本上使用多變量分析方法

相關係數是觀察2個變數之關係的手法。不過，若能蒐集到多個變數的資料，就會想知道2個以上的變數之間各式各樣的關係或傾向。

由多個變數構成的資料集，稱為多維資料或多變量資料，統一分析這種資料的資料分析方法五花八門，這些方法總稱為多變量資料分析。具體的手法介紹與計算範例放在第4章與第5章，這裡先談多維資料的意思，以及多變量資料分析的2種計算方法。另外，為了方便講解，這裡舉三維資料為例。

圖3-26是圖3-23-1（→P.74）的商品B＆C、圖3-23-2的商品B＆D的二維資料散布圖，以及兩者合併擴展的商品B＆C＆D的三維資料散布圖。此範例展示的是二維資料，以及進一步擴展的三維資料，點則是對應各變數數值的資料點。

前面介紹相關係數時也曾提過，散布圖是以點代表二維資料的圖。研究多維資料

▼圖3-26　二維資料與三維資料

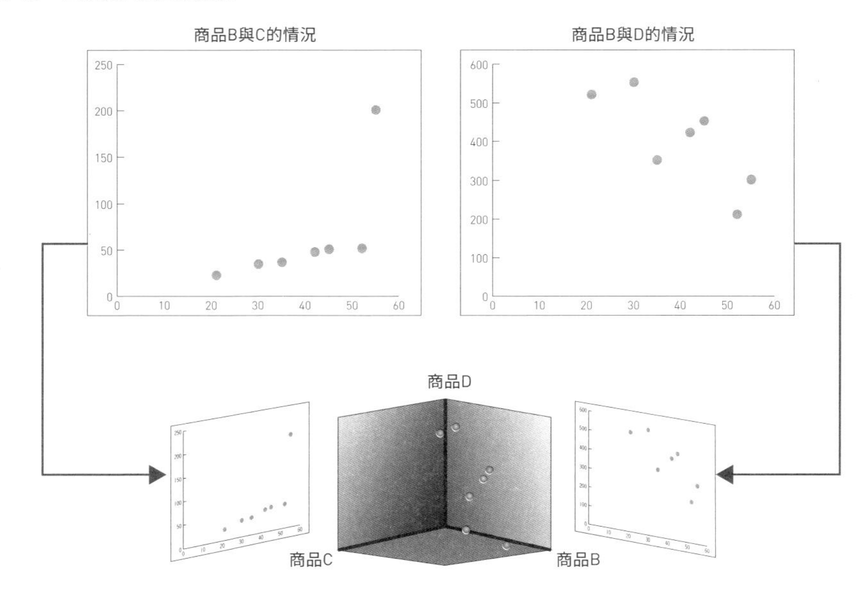

時，如果想像資料分布的空間，從視覺上來看或許會比較容易理解吧。也就是說，二維資料是平面的，三維資料是立體的。

■ **預測與分類**

言歸正傳，分析多維資料的基本手法，大致可分成2個類型。圖3-27是以三維資料為例，說明多維資料的手法與基本目的。

圖3-27-1跟相關係數的散布圖一樣，3個變數之間存在著關聯，整體的傾向則呈向右上升的橢圓形。由於三者是有關係的，若要針對其中1個變數進行預測，就可使用另外2個變數（→第5章）。

至於圖3-27-2，資料點的集合分成了2組，因此可從3個變數分類出2個不同類型的群組（→第4章）。

▼圖3-27　三維資料的分析目的與手法

3-27-1　進行預測的情況

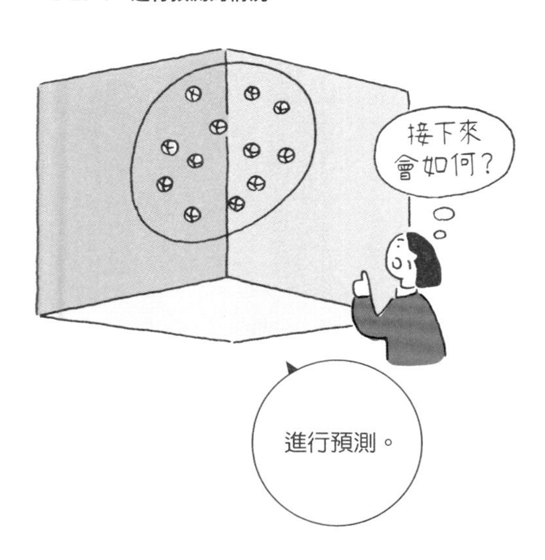

3-27-2　進行分類的情況

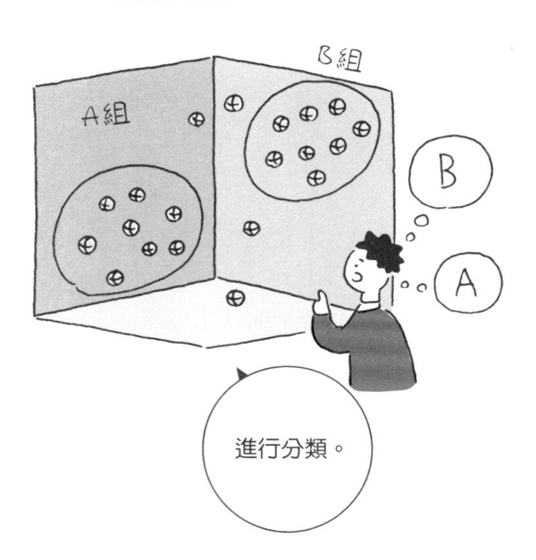

5 為了將結論一般化——將根據資料做出的結論一般化的2種觀點

本章以超市的銷售額為例，介紹了歸納資料的方法。不過，對實際從事資料分析的人而言，最關心的問題之一，卻是得到的結論能否一般化。

舉例來說，圖3-13（→P.64）只有1週份的資料，因此無法確定各項商品星期日到星期六的銷售額模式是否每週都一樣。如果像圖3-10（→P.62）那樣使用4週份的資料，或許至少能提出比圖3-13更可靠的結論，但要一般化仍令人有些擔心。

要將根據資料做出的結論一般化，並不是一件簡單的事。不過，大致來說可從2種觀點下手，最後就介紹這2種觀點作為本章的結尾吧！

■ 資料完全從母體隨機取得之觀點

第1個觀點是第2章也說明過的、資料完全從母體隨機取得。雖然以機率的邏輯來看，這種情況存在著一定的限制，不過就算資料的個數不多仍能一般化。

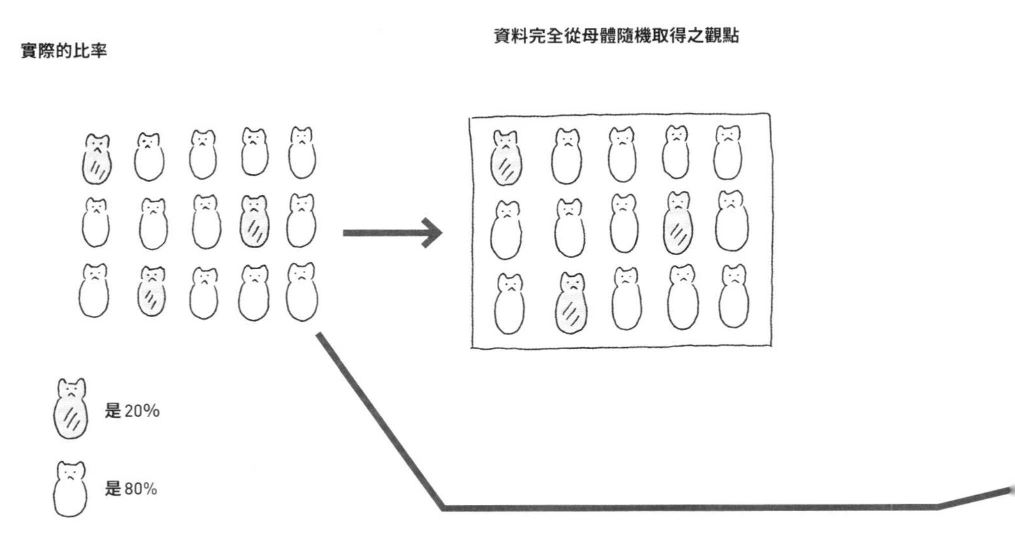

▲圖3-28　一般化

■ 大數據之觀點

第2個觀點是大數據。也就是說，無論資料是否隨機取得、無論有無偏誤，只要持續取得大量的資料，使用了這些資料的分析結果就能達到一定程度的一般化。機率論中有個定律叫做大數定律，上述這種一般化，意思就類似導出大數定律。統計學上的大數定律，其實早在近200年以前就有人應用，並且受到眾多的支持。就這層意義來說，大數據分析看似新潮，其實或許只是回歸舊有的觀念。

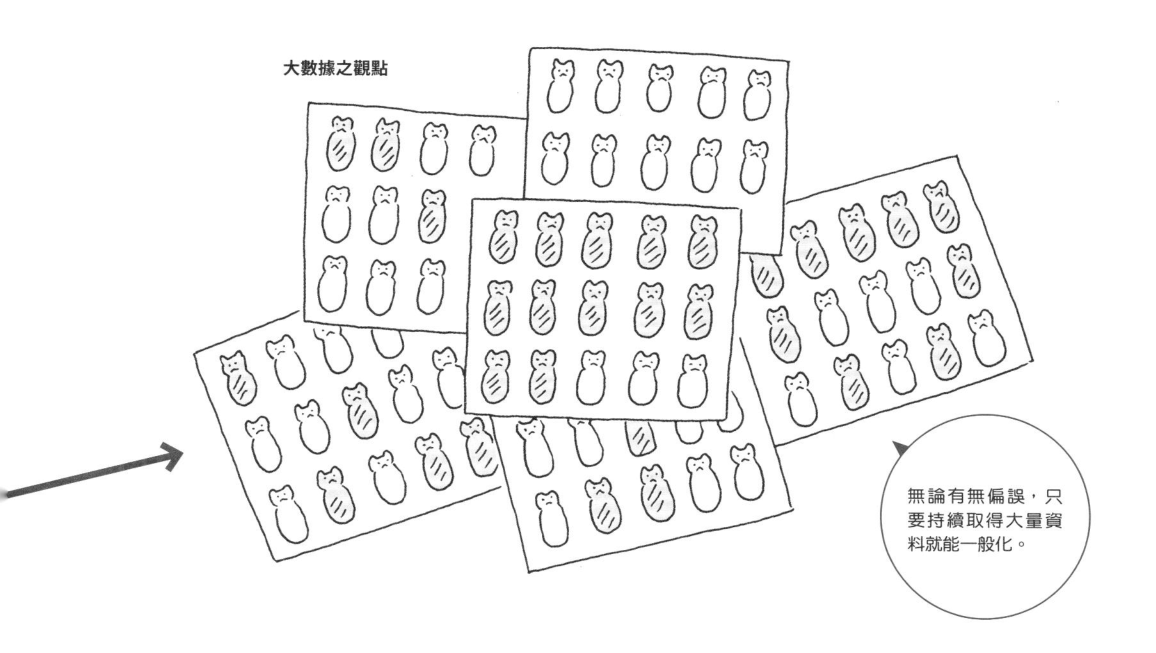

第4章

分類資料

——資料分析的第三工程——

大學生B同學正在進行專題討論課程的地區研究。
因此，她蒐集各都道府縣的各種資料，
嘗試分類擁有相似特徵的都道府縣。

4-1

分類相似者

運用集群分析將資料分門別類

若要使用多個變數構成的資料集，綜合分析多維資料，
只分析圖表或單獨分析各個變數是不夠的。
此時還需要一次分析多個變數。
至於第一步，本節就先為各位介紹集群分析吧！

1　集群分析的概念——直接分類類似的資料點

含有多個變數的多維資料，若是組合各種變數一次分析的話，就能看出只分析圖表或單一變數時看不到的各種特徵或傾向。運用這種分析的資料分析方法稱為多變量資料分析。

多變量資料分析有各種手法，本節就介紹其中一種手法「集群分析 (cluster analysis)」吧。這種資料分析方法，是在檢視多個變數時，將這些變數集中起來，分類模式相似的資料點。

▼圖4-1　二維資料點分布狀況

4-1-1　群組的界線分明，容易分類資料點

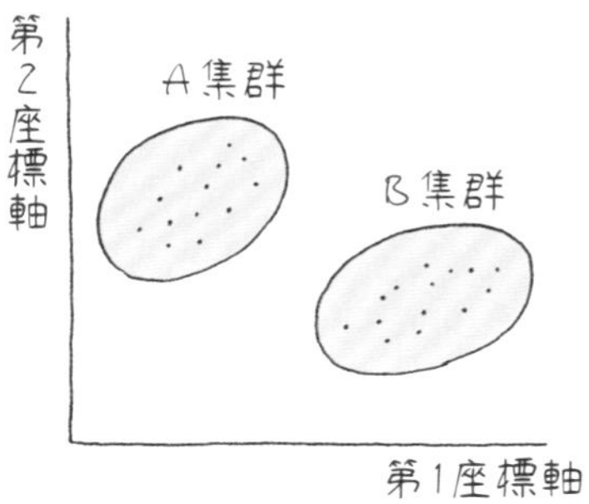

4-1-2　群組的界線模糊，不易分類資料點

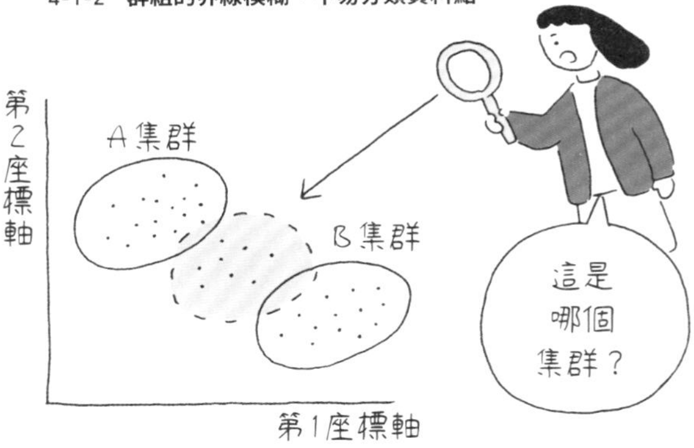

集群與集群分析

圖4-1是2個變數的散布圖，展示二維資料點分布狀況（具體例子留在下一節說明，這裡先不管2個變數的意思）。

首先，我們可從圖4-1-1清楚看出，資料點分成2組，各自形成相似者的「群組」。這個「群組」稱為集群。另外也可發現，這2個集群分別具有以下的特徵：

- **A集群**
  第1座標軸的變數小，第2座標軸的變數大
- **B集群**
  第1座標軸的變數大，第2座標軸的變數小

如果像這個例子一樣，外觀也能清楚看出集群的話就沒問題，但變數若有3個以上，或者如圖4-1-2那樣，2個集群的界線模糊不清，要分類集群就會變得很困難。

以圖4-1-2為例，用虛線圈起來的資料點，很難判斷到底是既非A集群亦非B集群的另一個新集群，或是包含在A集群或B集群之內。能在這種時候發揮威力的就是集群分析了。

■ 華德法

集群分析有各種計算方法，分類結果也常因計算方法而異。本章就使用這些計算方法中的華德法（Ward's method，又稱為華德最小變異法），為各位說明集群分析的範例。

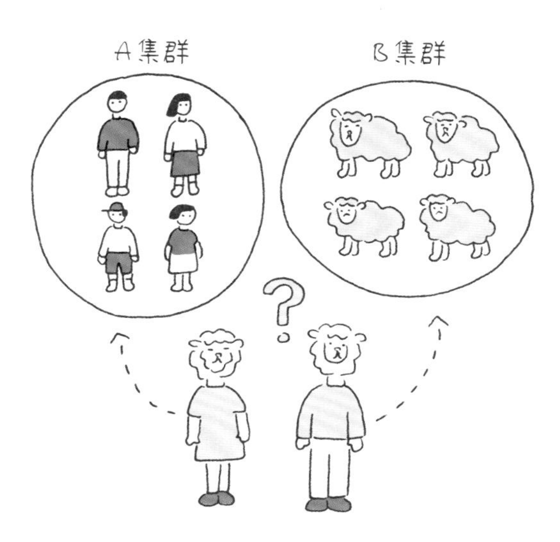

華德法是一種將各個資料點按階段分類成少量集群（階層式分群）的方法，目的是為了「藉由分類，使各階段集群內的資料點離散程度最小化」。

2 運用集群分析進行分類——將相似的都道府縣分成一組

大學生B同學為了專題討論課程的地區研究而蒐集資料，她決定先著眼於各都道府縣的「人口規模」與「所得水準」，依據這2個變數，分類模式相似的都道府縣。

先確定分析所用的變數意思或定義

圖4-2是B同學分析所用的2個變數「人口規模」與「所得水準」的資料。兩者都是2017年的年度資料，其中代表人口規模的「人口」為離散變數，是總務省公布的資料；代表所得水準的「人均僱用者報酬」為連續變數，是內閣府公布的資料。要注意的是，兩者皆為定量資料。

另外，由於是從外部蒐集的資料（官方統計），兩者都屬於總體資料，但要注意的是，「人均僱用者報酬」是各縣的僱用者報酬總額除以僱用者人數所得的數值，也就是平均值。

另一個要注意的地方是，「僱用者」的意思。通常說到「僱用者」，大多是指僱用勞工的企業或個人，至於勞工則稱為「受僱者」。但是，在政府的官方統計中，「僱用者」其實是指「受僱者」。

總而言之，從外部取得資料時，最好要先仔細調查變數的意思或定義喔！

▼圖4-2　集群分析所用的2個變數資料（人口與人均僱用者報酬）

都道府縣名稱	人口 單位：人	人均僱用者報酬 單位：千日圓
北海道	5320082	4912
青森縣	1278490	3907
岩手縣	1254847	4183
:	:	:
宮崎縣	1088780	3962
鹿兒島縣	1625651	3656
沖繩縣	1443116	3869

可從單一變數的計算結果得知的資訊

圖4-3是B同學在嘗試進行集群分析之前，先調查「人口」與「人均僱用者報酬」各變數的特徵所得的結果。為了釐清集群分析所用的2017年資料的特徵，B同學使用10年前（2007年）的資料，分別求兩者的算術平均數、標準差與變異係數。

從這些計算結果來看，人口規模的平均數從2724100.9減少至2695876.8，但變異係數從0.957上升至1.011，顯示都道府縣的差距略微擴大。

至於所得水準的平均數從4441.7略增至4461.8，但變異係數從0.104下降至0.086，顯示都道府縣的差距略微縮小。

另外要注意的是，代表所得水準的「人均僱用者報酬」，因各縣的僱用者人數不同，都道府縣平均值與全國的「人均僱用者報酬」數值並不一致。

▼圖4-3 比較各變數的2007年與2017年

單一變數的計算結果	人口		人均僱用者報酬	
	2007年	2017年	2007年	2017年
平均數	2724100.9	2695876.8	4441.7	4461.8
標準差	2607632.0	2725268.1	461.5	382.2
變異係數	0.957	1.011	0.104	0.086

人口規模的差距略微擴大

所得水準的差距略微縮小

使用盒鬚圖檢視各變數的離散情形

B同學像圖4-3那樣，調查完各變數的分布特徵後，認為東京都的數值應該是離群值，於是她嘗試求中位數與四分位數，並且製作盒鬚圖。

盒鬚圖就是像圖4-4那樣的圖，適合用來比較有離散的資料。算術平均數、中位數、下樞紐（lower hinge，相當於第一四分位數）、上樞紐（upper hinge，相當於第三四分位數）、排除離群值後的最大值、排除離群值後的最小值、離群值全放在1張圖內。我們可透過盒鬚圖，輕鬆掌握含離群值的單一變數分布特徵。

▼圖4-4　盒鬚圖

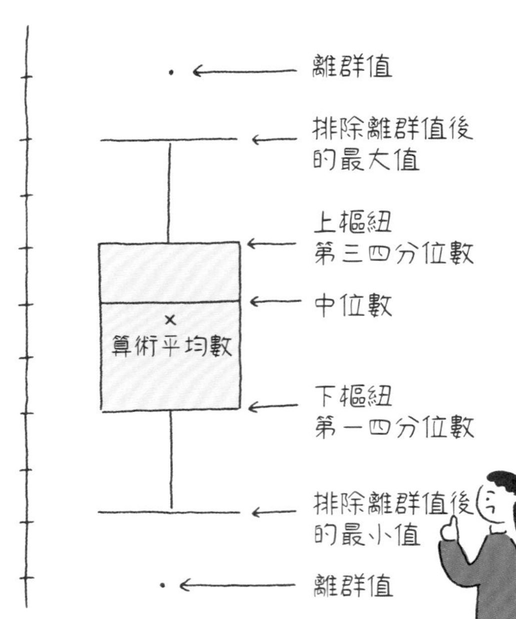

圖4-5是B同學製作的盒鬚圖，用來比較2007年與2017年的「人口」與「人均僱用者報酬」。

觀察這2張盒鬚圖可知，「人口」除了「東京都」外，還有幾個相當於離群值的地區（例如神奈川縣與大阪府）。至於「人均僱用者報酬」，只有「東京都」是離群值。

使用散布圖掌握2個變數的關係

接著，B同學製作如圖4-6的散布圖，檢視這2個變數的關係。從這張散布圖可以看出，資料點有緩緩向右上升的傾向。B同學也實際計算了相關係數，得到的結果為0.73，因此可以確定兩者有很強的正相關關係。

確定單一變數的特徵與2個變數的相關關係後，B同學終於要進行集群分析了。

▼圖4-5 「人口」與「人均僱用者報酬」的盒鬚圖

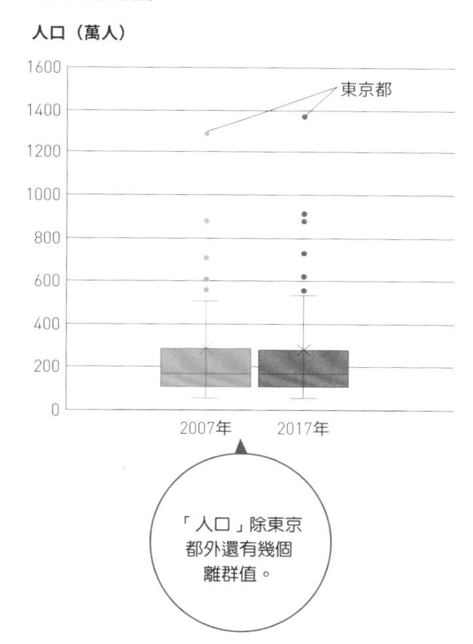

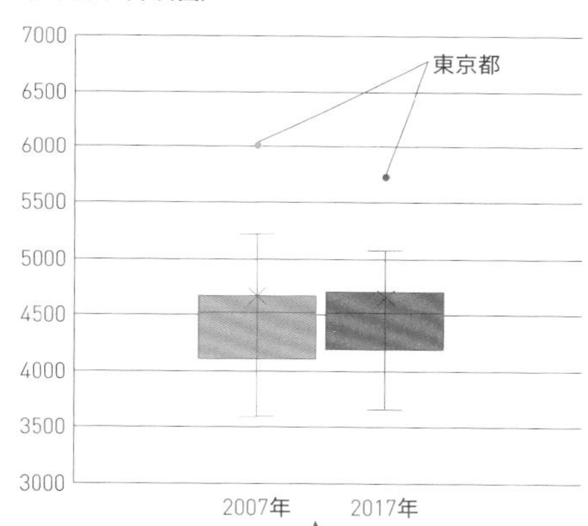

▼圖4-6 「人口」與「人均僱用者報酬」的散布圖

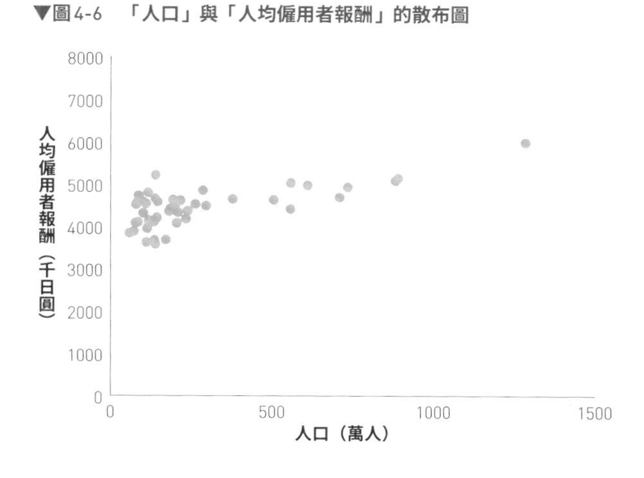

▼圖4-7　集群分析的樹狀圖

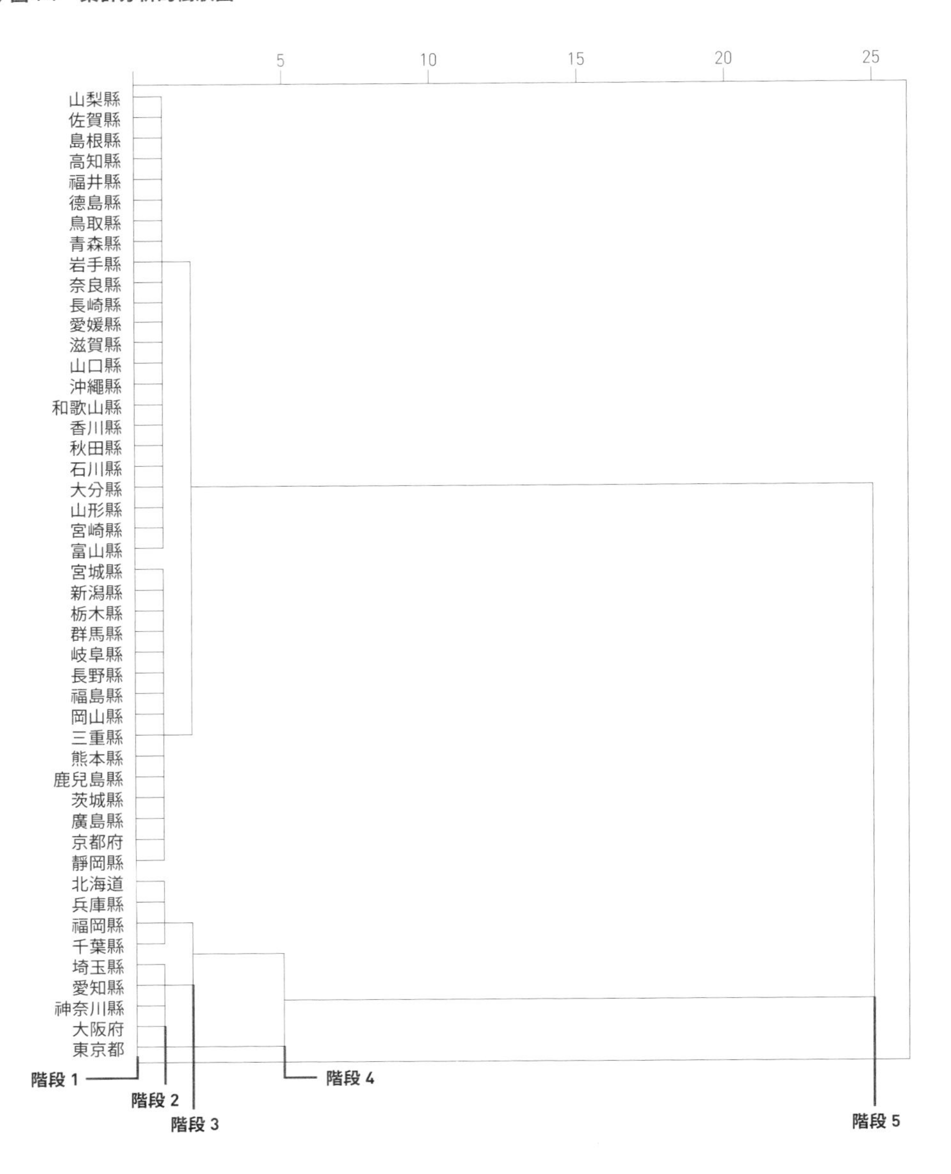

使用樹狀圖來分類

圖4-7是以樹狀圖（dendrogram）呈現各階層的分類結果。在這張圖中，分類的階段是從左到右依序排列。

分類的「階段1」，是以資料點總數為起點，因此集群個數為「47」。

「階段2」是將47個集群，進一步分成5個集群。A集群為「山梨、佐賀、島根、高知、福井、德島、鳥取、青森、岩手、奈良、長崎、愛媛、滋賀、山口、沖繩、和歌山、香川、秋田、石川、大分、山形、宮崎、富山」，B集群為「宮城、新潟、栃木、群馬、岐阜、長野、福島、岡山、三重、熊本、鹿兒島、茨城、廣島、京都、靜岡」，C集群為「北海道、兵庫、福岡、千葉」，D集群為「埼玉、愛知、神奈川、大阪」，而E集群只有「東京」。從此結果來看，A集群到E集群，似乎可再分類成人口規模較大（這代表所得水準也高）的集群。

「階段3」則是將A集群與B集群合併成1個F集群，將C集群與D集群合併成1個G集群。像這樣一直分類下去，到了最後的「階段5」，始於47個集群的分析就會結束於1個集群。

拿以上的結果對照圖4-6的散布圖，便可推斷「階段3」的3個集群是最合適的分類。也就是分成E集群「東京」、G集群「有大都市的道府縣」、F集群「其他府縣」。圖4-8是將此集群分析結果反映在圖4-6的散布圖上。

▼圖4-8　將集群分析結果反映在圖4-6的散布圖上並加以分類

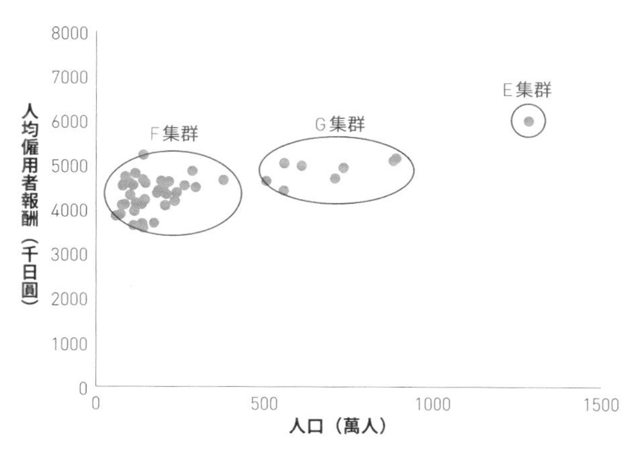

合併數個變數
使用主成分分析來分類

大學生B同學繼續進行專題討論課程的地區研究。
除了依據資料點的遠近直接分類都道府縣，
她還嘗試建立1個代表地區特徵的尺度（基準），
以這個尺度間接分類。

1 主成分分析的概念——間接分類類似的資料點

集群分析是直接測量資料點之間的「遠近」，將相似者分成一組的手法。

將數個變數合併成新的尺度（變數）

至於主成分分析，則是將數個變數，合併成1個具備新尺度（基準）的變數（或2、3個數量較少的變數），以新的變數尺度重新測量資料點，間接分類相似者的手法。

由於是將多個變數合併成少量的新變數，這種手法又稱為維度（變數）縮減。

圖4-9是2個變數的散布圖，展示二維資料點分布狀況（具體例子後述，這裡先別管2個變數的意思）。從圖4-9-1來看，圈住資料點的橢圓呈左上右下，由此可知2個變數之間有負相關關係。

這種情況若使用集群分析來分類集群，應該會得到如圖4-9-2那樣的結果：適當的分類是分成其中一個變數數值大，另一個變數數值就小的「A集群」與「C集群」，以及兩者大小差不多的「B集群」這3個集群。

反之，如果使用主成分分析，則是合併出1個或2個新的變數，然後如圖4-9-3那樣使用新變數的尺度重新測量資料點，再根據這些數值，間接分類資料點。

另外，合併出來的新變數稱為主成分，至於主成分的個數，最多不超過原本當作資料使用的變數個數，因此圖4-9的例子可以求的主成分最多2個。

▼圖4-9 分類二維資料點

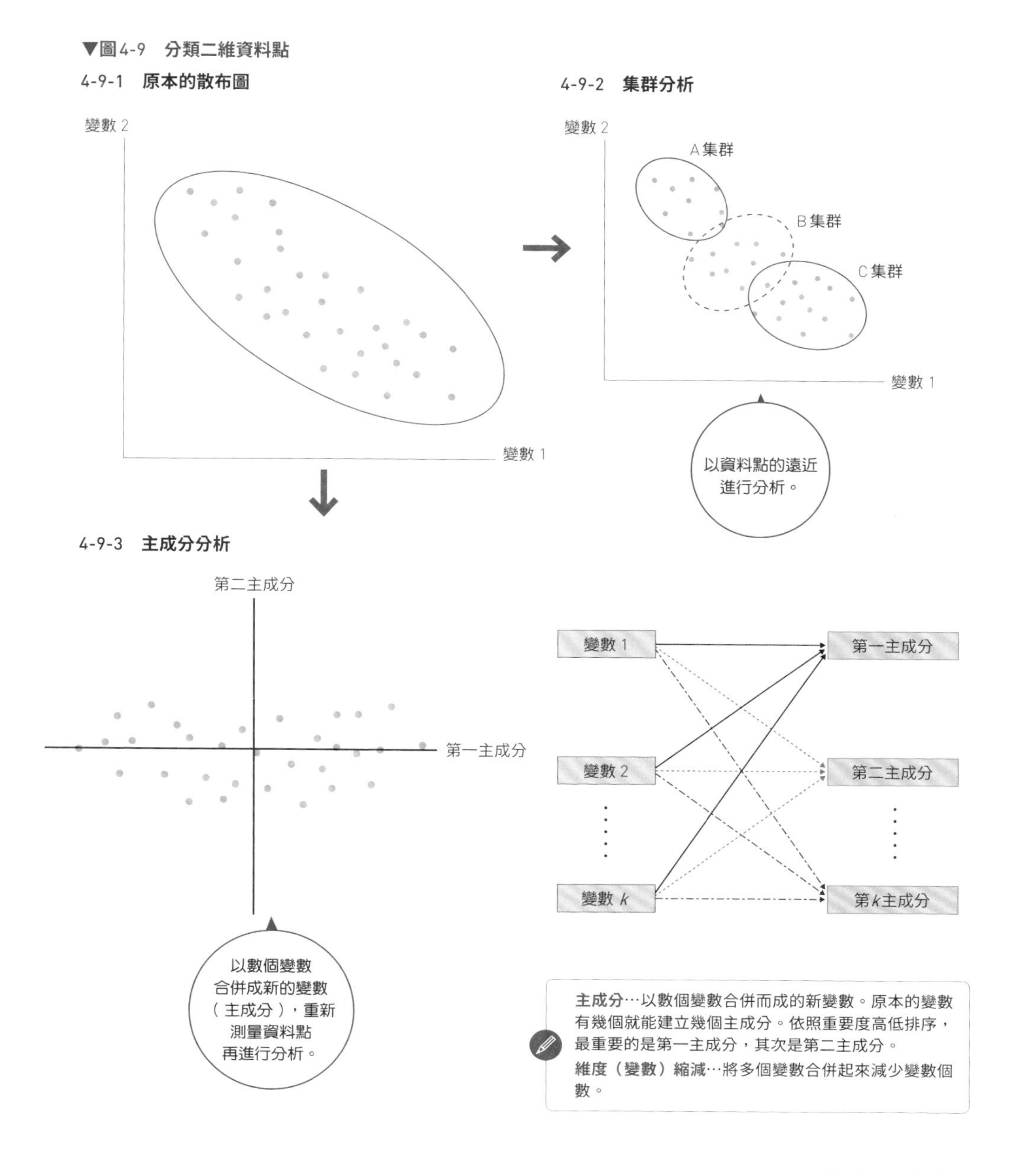

主成分…以數個變數合併而成的新變數。原本的變數有幾個就能建立幾個主成分。依照重要度高低排序，最重要的是第一主成分，其次是第二主成分。

維度（變數）縮減…將多個變數合併起來減少變數個數。

圖4-10是說明如何以圖4-9的散布圖建立主成分這個新的尺度。接下來就對照這幾張圖，從①到④依序解說建立主成分的各個步驟。

▼圖4-10　使用散布圖建立主成分（合成變數），重新測量資料

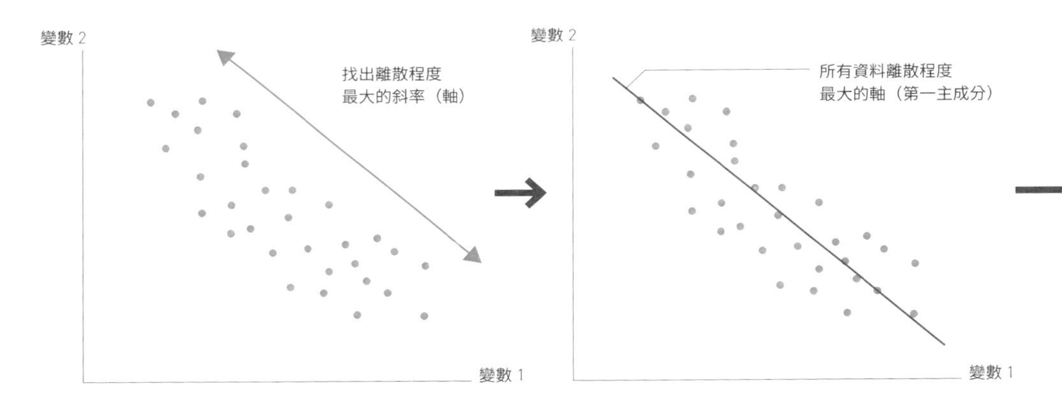

①從原本的散布圖，找出所有資料點的離散程度最大的斜率（軸）。

②如上圖所示，以所有資料點離散程度最大的斜率畫出一條線。這是代表主成分尺度的新軸，即第一主成分。

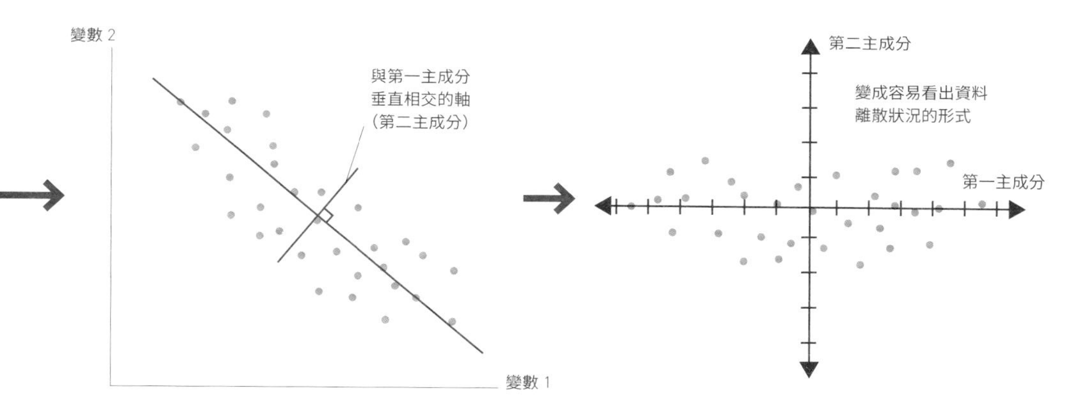

③求與第一主成分的軸垂直相交（正交）的軸。這是第二主成分。變數有2個時，能夠求2條主成分的軸，這2條軸為正交。另外，從上圖也能明顯看出，以第一主成分為軸的資料分散（離散）程度，比起以第二主成分為軸的分散程度還大。

④以求出來的2條軸（主成分）為座標軸，將圖轉過來變成新的散布圖。如此一來，資料點的離散狀況就變得清楚明瞭了。

具體的計算方法這裡就省略不談了，總之求出第一主成分與第二主成分這2條新軸後，就能給軸加上表示資料點大小的新刻度。如此一來，就合併出第一主成分與第二主成分這2個具備新尺度的新變數。

▼圖4-11　主成分順序的意義

4-11-1　**第一主成分的構成比很大時**

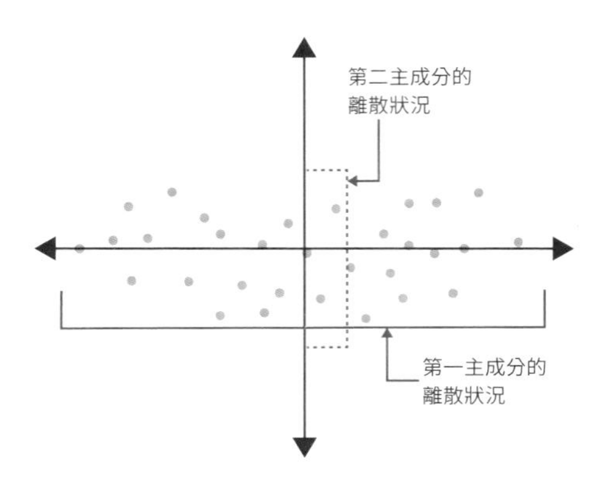

4-11-2　**第一主成分與第二主成分的構成比差不多時**

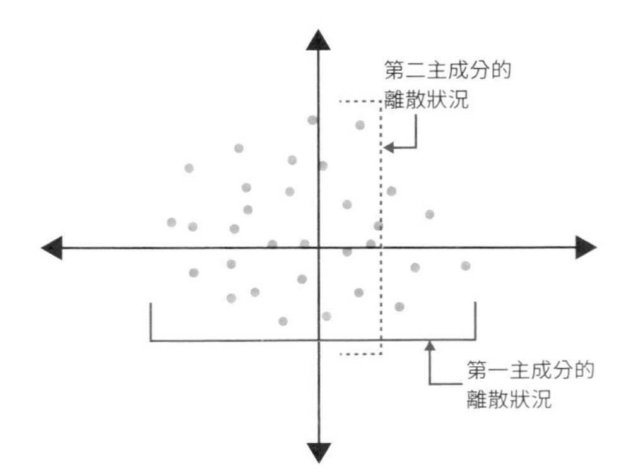

■ 主成分是依重要度高低來排序的

進行主成分分析時，可以求的主成分個數以使用的變數個數為上限。要注意的是，主成分是依重要度高低排序，最重要的是第一主成分，其次是第二主成分。

圖4-11是用圖來表現主成分順序的意義。其中，圖4-11-1是展示使用相關程度強的2個變數時第一主成分與第二主成分的離散狀況。第一主成分因資料點大幅分布在左右兩邊，故離散程度（變異數）也大。反觀第二主成分，資料點小幅分布在上下兩邊，故離散程度（變異數）也小。

主成分的順序，對應資料的變異數大小，因為離散程度的大小代表了資料所含的資訊大小。

進行主成分分析時，會在計算過程中將資料標準化，因此可直接比較各個主成分的變異數大小。於是，主成分就能按變異數大小排序，最大為第一主成分，其次是第二主成分，這也代表了所含的資訊大小順序。

■ 求變異數的構成比（貢獻率）……

變數有幾個就能求幾個主成分，而且求到的各個主成分資訊大小可用變異數的大小來衡量，因為這2個緣故，我們能夠求各個主成分的變異數構成比（貢獻率）。

圖4-12是主成分構成比的求法，以圖4-11-1為例，第一主成分的離散程度顯然比第二主成分的離散程度大，因此第一主成分的構成比若是80%，第二主成分的構成比就是20%。

▼圖4-12 變異數構成比

$$\text{變異數構成比（\%）（貢獻率）} = \frac{\text{各主成分的變異數}}{\text{所有主成分的變異數}} \times 100$$

變異數構成比（貢獻率）…指對於整體資料的離散程度（總變異數），主成分能夠解釋的比率。

反觀圖4-11-2的情況，由於2個變數之間的關係本來就接近無相關，第一主成分與第二主成分的變異數構成比並無多大的差異。舉例來說，假如第一主成分的構成比是55%，第二主成分的構成比就是45%。

如果變數之間本來就有很強的相關關係，第一主成分的構成比會變得非常大。前面假設圖4-11-1的構成比是80%，這顯示變數之間有很強的相關關係。除此之外也意謂著，2個變數所含的資訊，可用第一主成分這一新變數解釋其中的80%。換句話說，就算不管第二主成分的資訊，依然能對2個變數的資訊進行一定程度的解釋，因此也可以只用第一主成分進行分析。

如同這個例子，2個變數的資訊若能某種程度歸納成第一主成分這1個新資訊，即可將2個變數縮減成1個變數，所以主成分分析又可稱為維度（變數）縮減方法。

雖然維度縮減沒有明確的標準（構成比的數值），不過圖4-11-2的第一主成分與第二主成分，兩者的構成比差異不大，因此要縮減第二主成分顯然是很困難的。

2　使用主成分分析來分類——建立都道府縣宜居度的指標（合成變數）

大學生B同學做完前述專題討論課程的地區研究後，接著打算按照各都道府縣的犯罪發生率與破獲率，區分可安心居住的地區與除此之外的地區。

使用犯罪發生率與破獲率建立主成分

於是，B同學蒐集某年的都道府縣別犯罪發生率（每10萬人口的犯罪發生率）與犯罪破獲率（在犯罪確認件數中破獲件數所占的破獲率）資料，檢視這2個變數的散布圖。

圖4-13是「發生率」與「破獲率」的散布圖，看得出資料點整體呈向右下降的傾向。實際計算相關係數後結果為0.47，可以確定是負相關。

B同學用來分析的是，警察廳公布的「犯罪件數」與「破獲率」資料，以及總務省公布的「人口」資料。

另外要注意的是，某些都道府縣的破獲率超過100%。從比率來看，這部分顯然有矛盾之處，可成為資料淨化的對象。之所以會出現這種情況，是因為破獲率所使用的犯罪破獲件數與確認件數的意思有所不同。

如圖4-14所示，警察廳公布的犯罪破獲率，分子是「犯罪破獲件數」，分母是「犯罪確認件數」。

問題出在分母的「確認件數」，這只限警察接獲報案，以及受理「報案單」而確認的案件。因此，如果是之前未暴露的案件，

▼圖4-13　發生率與破獲率的散布圖

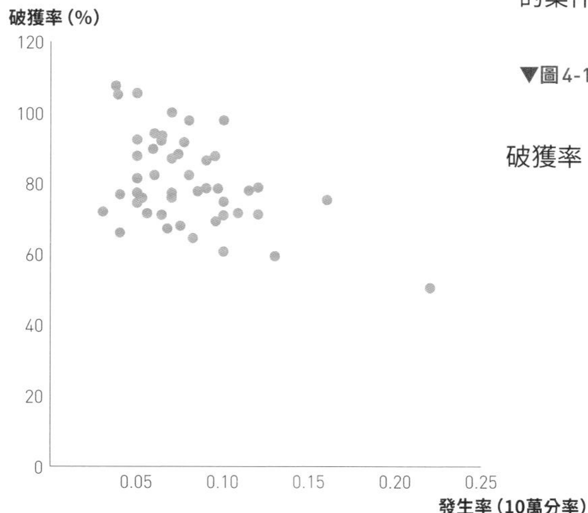

▼圖4-14　破獲率的定義

$$破獲率（\%）= \frac{破獲件數}{確認件數} \times 100$$

即使當時未算進確認件數，日後案件被揭發並且逮捕到犯人時，就會算進新的破獲件數。這種情況累積下來，才會導致有些地區的破獲率超過100%。換句話說，原因出在分子並非分母的部分集合。

儘管有這種資料的問題，「破獲率」應該仍能反映出某種程度的案件解決結果，所以B同學繼續使用這個變數進行主成分分析。

圖4-15是B同學所做的主成分分析計算結果。由此看來，第一主成分的變異數構成比是73.48％，因此「發生率」與「破獲率」這2個變數，應該可置換成第一主成分這一新變數。

▼圖4-15 破獲率的定義

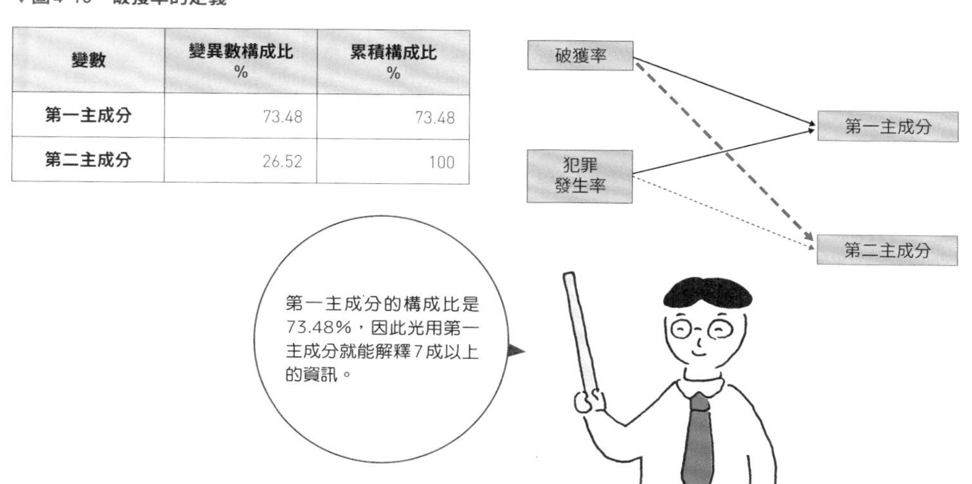

變數	變異數構成比 %	累積構成比 %
第一主成分	73.48	73.48
第二主成分	26.52	100

為主成分賦予意思

得到如B同學那樣的分析結果時，很重要的一點是，要給成為新變數的主成分賦予意思（命名）。

從圖4-13可以看出，「發生率」與「破獲率」有負相關關係，因此B同學認為可將都道府縣分類成「發生率」低「破獲率」高的地區，與「發生率」高「破獲率」低的地區，並決定將合併而成的新變數（第一主成分）當作代表「宜居度」（治安良好度）的變數。

若要根據這項分析結果，區分哪個都道府縣是宜居地區，就要使用圖4-16的主成分分數係數。這是代表用來合併的變數（此例是指犯罪的「發生率」與「破獲率」），對合併出來的新變數（主成分）影響程度的係數，可在主成分分析的計算過程中求出。

此時可運用這個分數係數，求各都道府縣的第一主成分分數，再依據這個數值衡量宜居度的「大小」。具體來說，就是根據圖4-17的公式計算各地區的分數。

B同學運用這種算法，求出各都道府縣的分數，結果發現最「宜居」的都道府縣是「秋田縣」，其次是「大分縣」、「山口縣」、「青森縣」、「福井縣」，這些是「宜居度」前5名的縣。

▼圖4-16　主成分分析的計算結果與分數係數

變數	主成分分數係數	
	發生率	破獲率
第一主成分	-0.58	0.58
第二主成分	0.97	0.97

主成分分數係數…代表建立合成變數（主成分）所用的變數影響程度的係數。

■ 運用主成分分析建立的新「指標」

將多個變數合併為1個合成變數，建立如「宜居度」這類新指標時，主成分分析也是常用的手法。大眾媒體報導的各都道府縣「豐饒度指標」或「魅力度指標」，據說也大多是運用主成分分析建立的。

不過要注意的是，這類指標會因分析所用的變數而使結果出現很大的差異。反過來說，必須留意所謂的「○○指標」，使用了什麼樣的變數，以及那些變數是否適合稱為「○○」。

▼圖4-17 第一主成分的分數計算方法

第一主成分的分數	=	發生率的第一主成分分數係數 × 發生率（標準化數值）	+	破獲率的第一主成分分數係數 × 破獲率（標準化數值）

• **秋田縣的第一主成分分數**

$$秋田縣 = -0.58 \times (\underbrace{-1.14}_{標準化發生率}) + 0.58 \times \underbrace{2.12}_{標準化破獲率} = 1.89$$

※ 另外，標準化發生率與標準化破獲率的計算方法，請參考可自行下載的附錄PDF檔案。

column

標準化

資料的標準化，是指將資料換算成偏差值。假設經過標準化的各資料為Z，則計算公式如下：

$$Z = \frac{個別資料 - 算術平均數}{標準差}$$

標準化是用在比較平均數或標準差不同的變數，或是測量單位不同的變數資料時。舉例來說，假如班上舉行數學與政治經濟學的考試，X同學的數學考了60分，政治經濟學考了80分。由於兩者滿分都是100分，我們可以說X同學的政治經濟學成績比數學好嗎？

乍看之下，這個判斷似乎是對的，但假如全班的數學平均分數是40分，政治經濟學的平均分數是90分，這個判斷顯然是不恰當的。遇到這種情況時，將資料標準化就能進行適當的比較。

分類定性資料

使用數量化III類來分類

持續進行地區研究的大學生B同學，
從報紙上的報導得知，自己居住的X縣政治態度與
政策方向有地區差異，打算驗證這一點。

1 數量化III類的概念——間接分類類似的定性資料

前面介紹的集群分析與主成分分析，是定量資料所用的資料分析方法。那麼，定性資料要怎麼分類才好呢？想必很多人都有這種疑問。應該也有人疑惑，定性資料的「相似者」是指什麼吧？

定性資料的數值是名義的，不代表「大小」或「數量」，所以不適合使用如集群分析那種手法，直接測量資料點之間的距離。

因此，分類定性資料時常用的是，數量化III類或對應分析（correspondence analysis）這類間接分類手法。兩者在數學上是差不多的手法，故這裡就舉數量化III類來做介紹。

使用數個變數建立新變數再進行分類

數量化III類簡單來說，就是定性資料的主成分分析。因此，數量化III類的目的跟主成分分析一樣，就是使用數個變數建立新的變數，再利用新變數間接分類資料點。數量化III類跟主成分分析的不同之處，在於前者是將原本「沒有定量尺度」的數個類別變數，重新建構成「有定量尺度」的變數，而這就是「數量化」這個名稱的由來。另外，廣為人知的數量化方法為Ⅰ類到Ⅳ類，其中

相當於主成分分析的方法就是本節要介紹的數量化III類。

假設現在，我們向8名對象提出Q1到Q5這5個問題，作答者只能回答Yes或No（具體例子後述，這裡先別管變數的意思）。

於是，我們能得到樣本數為8，由5種二值類別變數（Yes＝1，No＝0）構成的資料集（這種變數又稱為虛擬變數）。

得到的虛構資料集如圖4-18所示。乍看之下，這份資料的1與0資料點分布得雜亂無章，但若重新排成圖4-19（→P.104）那樣，便會發現當中有4個回答模式相同的群組。

這4個群組分別是作答者No.1與No.7（Q3與Q4）、No.3與No.5（Q4與Q1）、No.4與No.6（Q1與Q2）、No.2與No.8（Q2與Q5）。

重新排成圖4-19後可以看出，作答者的排列位置，由近到遠依序是作答者No.1與No.7、No.3與No.5、作答者No.4與No.6、作答者No.2與No.8。同樣的，類別變數的排列位置，由近到遠依序是Q3、Q4、Q1、Q2、Q5。也就是說，重新排列資料，可同

▼圖4-18　向8名對象提出5個問題

作答者No.	Q1	Q2	Q3	Q4	Q5
1	0	0	1	1	0
2	0	1	0	0	1
3	1	0	0	1	0
4	1	1	0	0	0
5	1	0	0	1	0
6	1	1	0	0	0
7	0	0	1	1	0
8	0	1	0	0	1

▼圖4-19　5個類別變數的定性資料

作答者No.	Q1	Q2	Q3	Q4	Q5
1	0	0	1	1	0
2	0	1	0	0	1
3	1	0	0	1	0
4	1	1	0	0	0
5	1	0	0	1	0
6	1	1	0	0	0
7	0	0	1	1	0
8	0	1	0	0	1

作答者No.	Q3	Q4	Q1	Q2	Q5
1	1	1	0	0	0
7	1	1	0	0	0
3	0	1	1	0	0
5	0	1	1	0	0
4	0	0	1	1	0
6	0	0	1	1	0
2	0	0	0	1	1
8	0	0	0	1	1

時分類「回答模式相似」的作答者與變數。

數量化III類這一手法就是基於這種概念，賦予類別變數與作答者適當的數值，以便掌握類別變數之間或作答者之間的「遠近」。

■ 使用類別分數與樣本分數來分類

在數量化III類中，賦予各個類別變數的數值稱為類別分數，賦予作答者的數值稱為樣本分數。

這2種分數，是藉由給回答模式相似的作答者或類別賦予相近的數值，並按照回答模式的差異，賦予作答者或類別相異的數值，將圖4-19那種重新排列的意義具體化。

▼圖4-20 虛構的賦予分數範例

賦予問題編號（類別變數）分數（數值）
→類別分數

作答者 No.	類別變數	Q3	Q4	Q1	Q2	Q5
	類別分數 ／ 樣本分數	1	2	3	4	5
1	3	1	2			
7	3	1	2			
3	5		2	3		
5	5		2	3		
4	7			3	4	
6	7			3	4	
2	9				4	5
8	9				4	5

賦予作答者（標本）分數（數值）
→樣本分數

圖4-20是拿圖4-19的資料，根據數量化III類的概念，將虛構數值分配給類別與樣本的範例。如果像圖4-20那樣分配，數值從Q3到Q5越來越大的話，當各題目的回答為「1」時，就可以賦予對應的類別分數，合計這些分數就能求出樣本分數（請注意，實際的樣本分數，並非單純合計類別分數）。

像這樣賦予分數後，就能使用樣本分數分類相似者了。於是分成樣本分數為3的群組（作答者1與7）、樣本分數為5的群組（作答者3與5）、樣本分數為7的群組（作答者4與6）、樣本分數為9的群組（作答者2與8）。

另外，此例的類別分數與樣本分數都是離散值（整數），不過基本上分數是含小數的連續值。

因此，照資料點的分布來看，假如類別分數為Q3＝1.1、Q4＝1.5、Q1＝3.7、Q2＝4.0、Q5＝7.8，也可以根據分數的遠近，將各個類別變數分成「Q3與Q4」、「Q1與Q2」、「Q5」這3個群組。

數量化III類也跟主成分分析一樣，能夠求相當於主成分的定量尺度（分數）。為求方便，這裡將這種尺度稱為「成分」，以跟主成分分析做出區別。

跟主成分分析一樣，使用的變數有幾個就能求幾個成分。也就是說，像圖4-20那樣的分數，看變數有幾個，就能求幾種不同的數值組合。基於數學上的因素，最先求出的成分要排除，我們可依據成分的變異數大小（排除最先求出的成分），確定各成分的重要度，第一成分最重要，其次是第二成分。

另外，如圖4-22所示，我們也能求各

▼圖4-21　使用樣本分數與類別分數來分類

・使用樣本分數分類相似者

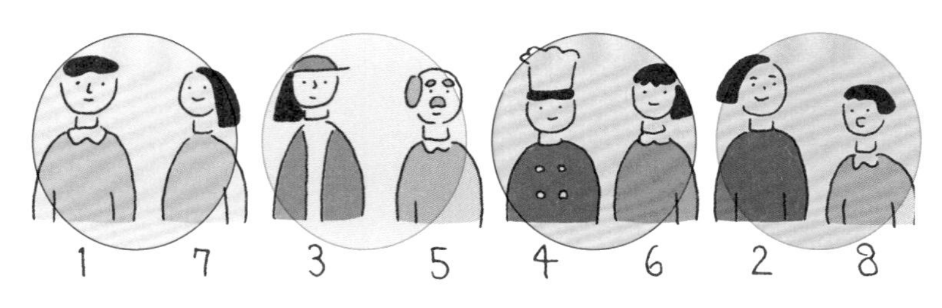

・也可使用類別分數分類相似者

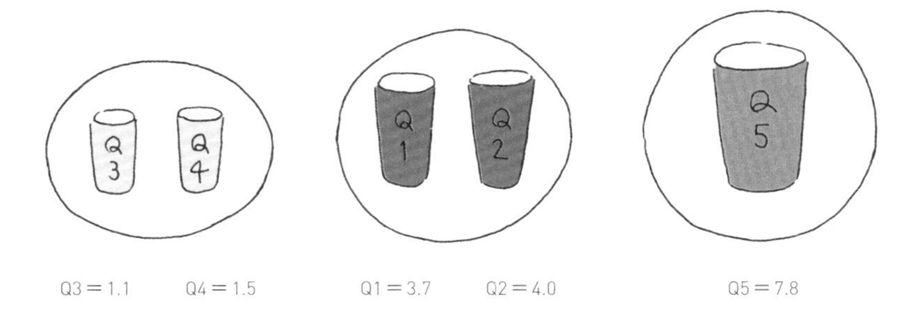

成分的變異數構成比（貢獻率）。總而言之，計算結果的解讀與用法，跟主成分分析差不多。

▼圖4-22　變異數構成比（貢獻率）

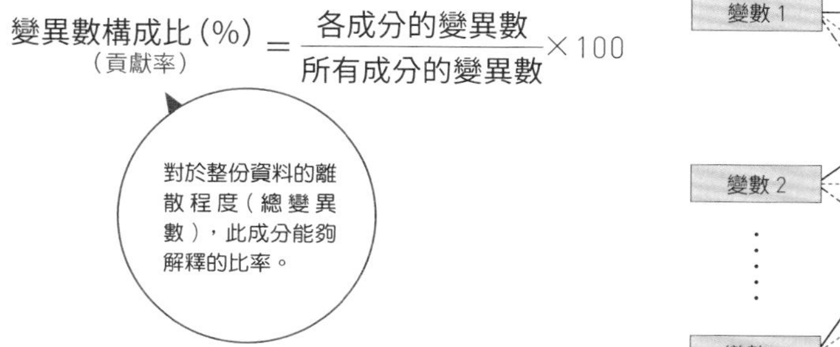

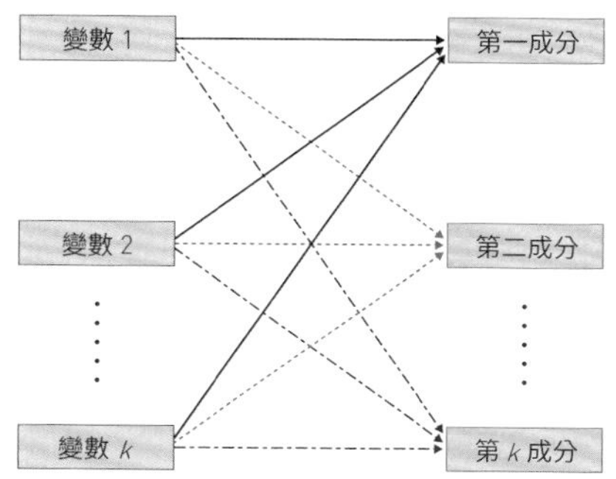

有幾個變數就能建立幾個成分

2 使用數量化III類來分類——分類政治態度的地區差異

大學生B同學從報紙的報導得知，自己居住的X縣政治態度，東部偏保守，西部偏革新，使她對政治態度的地區差異產生興趣。因此，B同學決定在正式調查前先做預備調查，她找修同一堂專題討論課程、分別住在X縣西部與東部的8名朋友，調查他們對圖4-23的地區政策A～E是贊成還是反對，然後根據調查結果分析西部與東部的政治態度差異。

求類別分數與樣本分數

圖4-24是此預備調查結果的資料集。數量化III類基本上就是使用這種「0與1」的資料。B同學立刻將這份資料集應用到數量化III類，求類別分數與樣本分數。

圖4-25是各成分的變異數構成比與類

▼圖4-23　關於地區政策的態度調查之調查題目

變數	問題內容	Yes	No
A	有必要推行消弭地區與都市所得差距的政策	1	0
B	有必要推行融入地區文化與傳統的都市開發	1	0
C	有必要改善勞動條件與勞動環境	1	0
D	有必要充實公共交通機能	1	0
E	有必要振興農業	1	0

▼圖4-24　預備調查的資料集

作答者 No.	居住地區 (1)	居住地區 (2)	A	B	C	D	E
1	東部	農村區	1	0	0	1	1
2	西部	農村區	1	0	1	1	0
3	東部	農村區	0	0	0	1	1
4	西部	都市區	1	0	1	0	0
5	東部	都市區	0	1	0	0	1
6	東部	都市區	0	1	0	1	1
7	西部	農村區	1	0	0	0	1
8	西部	都市區	1	0	1	0	0

別分數。從結果可知，到第二成分為止的累積構成比（貢獻率）是84.6%，因此A～E這5個變數，能夠利用第一成分與第二成分這2個合成變數歸納資訊。

圖4-26是根據圖4-25的結果，針對第一成分與第二成分，如圖4-20那樣重新排列回答「1」的資料。

這2個成分都是由小到大排列類別分數與標本分數，看得出來第一成分的分布跟第二成分的分布相比，資料點的離散程度比較小，向右下降的關係更明確。

▼圖4-25 變異數構成比與類別分數

變異數構成比

成分	構成比 (%)	累積構成比 (%)
1	61.3%	61.3%
2	23.3%	84.6%
3	13.7%	98.3%
4	1.7%	100.0%

類別分數

變數名	第一成分	第二成分	第三成分	第四成分
A	0.8552	-0.0516	-0.9221	1.1026
B	-1.5632	2.1899	0.6263	0.9319
C	1.4732	0.8790	0.8890	-1.2650
D	-0.3555	-1.2783	1.3428	0.4319
E	-0.8294	-0.3291	-0.9361	-1.0619

▼圖4-26 各成分的分布

第一成分的分布

作答者No.	類別變數	B	E	D	A	C
	類別分數／樣本分數	-1.56	-0.83	-0.36	0.86	1.47
5	-1.46	1	1			
6	-1.11	1	1	1		
3	-0.72		1	1		
1	-0.13		1	1	1	
7	0.02		1		1	
2	0.80			1	1	1
4	1.42				1	1
8	1.42				1	1

第二成分的分布

作答者No.	類別變數	D	E	A	C	B
	類別分數／樣本分數	-1.28	-0.33	-0.05	0.88	2.19
3	-1.59	1	1			
1	-1.09	1	1	1		
7	-0.38		1	1		
2	-0.30	1		1	1	
6	0.38	1	1			1
4	0.82			1	1	
8	0.82			1	1	
5	1.84		1			1

■ 使用散布圖來分類

因此B同學著眼於這2個成分，為了解釋成分的意思，將類別分數製作成圖4-27的散布圖。

圖4-27是以散布圖呈現圖4-25的類別分數，第一成分為橫軸，第二成分為縱軸。從這張圖來看，第一成分應該可以將A與C分成一組（正），將B、D與E分成一組（負）（用紅色實線圈起來）。

B同學研究各變數的題目（圖4-23）後，判斷第一成分的正群組代表政治態度偏向革新，負群組代表偏向保守。經過數量化所得到的分數具備定量性質，因此以第一成分來說「分數的數值越大，變數與作答者越偏向革新」。

至於第二成分，似乎可以分成B與C一組（正），A、D與E一組（負）（用藍色虛線圈起來）。因此B同學不只檢視各變數的題目（圖4-23），也著眼於圖4-24資料集的「居住地區（2）」，判斷第二成分地區性的正群組代表「都市區」，負群組代表「農村區」。

根據類別分數為2個成分賦予意思後，B同學接著製作關於8名作答者的樣本分數散布圖，以便達成原本的目的：分析X縣政治態度的地區差異。結果如圖4-28所示。

拿此圖對照資料集（圖4-24）的「居住地

▼圖4-27　類別分數的散布圖

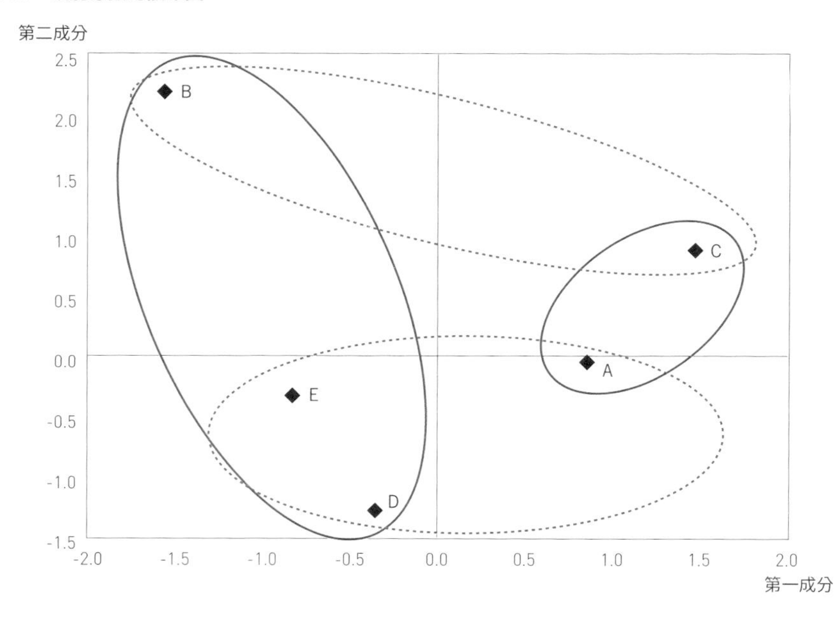

(1)」後，B同學再一次確定，住在西部的4位朋友（作答者No.2、4、7、8）政治態度是偏向革新，住在東部的4位朋友（No.1、3、5、6）政治態度是偏向保守。此外也發現，作答者對政策的看法，視居住地是都市區還是農村區而有所不同。

如同上述，數量化III類與主成分分析一樣，能夠使用多個變數建立少量的合成變數，間接分類資料點的特徵。而且還有個優點是，可利用只有類別尺度的變數，建立有定量尺度的變數，進行定量分析。

不過要注意的是，這個方法也跟主成分分析一樣，分析所用的變數與題目的設定等等，會給分析結果造成很大的差異。

尤其數量化III類大多如B同學的預備調查那樣，使用態度調查的定性資料，也就是基於作答者「主觀」的資料，因此要更加留意這點。

▼圖4-28　樣本分數的散布圖

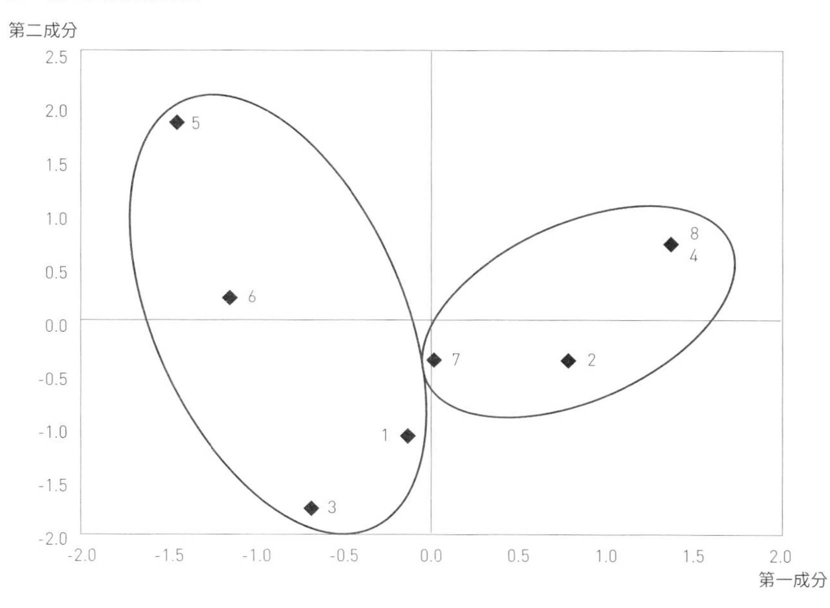

第5章

使用資料進行預測

——資料分析的第四工程——

負責社區的健康問題與促進公共衛生的公衛護理師C小姐，
調查了其負責地區的居民生活習慣與健康狀態。
然後根據這份調查資料，進行血壓的預測。

根據資料進行預測

使用迴歸分析進行預測

在資料科學上，比分類更加重要的分析，就是根據資料進行預測。
為了達成這個目的，最常使用的就是迴歸分析。
迴歸分析是將因果關係模型化再進行資料分析，
使用的資料，必須是連續變數或離散變數的定量資料。

1　迴歸分析的概念——使用有相關關係的變數進行預測

這裡再來談一下，第3章介紹過的相關係數吧！這個指標是用來檢視2個變數的相關關係強度。相關關係若是像圖5-1-1的散布圖，資料點的分布呈向右上升傾向就稱為正相關，若是像圖5-1-2呈向右下降傾向則稱為負相關。

也就是說，關於2個變數的關係，圖5-1-1呈其中一個數值大另一個數值也大的傾向，圖5-1-2則呈其中一個數值大另一個數值就小的傾向。這2種傾向，分布的形狀越接近直線，代表相關關係越強，相關係數的絕對值越接近1。

▼圖5-1　相關關係　5-1-1　向右上升的散布圖

正相關關係

資料點的分布
呈向右上升。

5-1-2　向右下降的散布圖

負相關關係

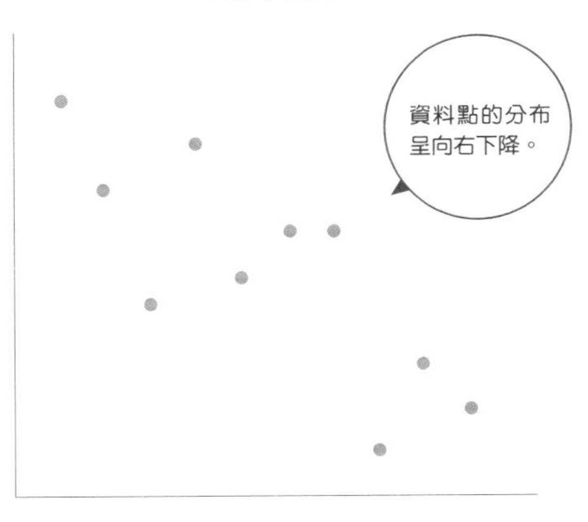

■ 利用相關關係進行預測

如果能在變數之間發現這種相關關係，就可以利用其中一個變數的數值，預測另一個變數的數值。這種資料分析方法就是迴歸分析。

這裡就拿圖5-1-1這種正相關為例來說明吧！如果是正相關，資料點的分布會呈向右上升的傾向，因此其中一個變數的變化量，會以一定的比率對應另一個變數的變化量。當然，這種定量關係只是「大致」的對應關係，並非如線性函數那般嚴格的對應關係。

不過，這種對應關係，若能以線性函數的式子表現，也可以做到「大致」的預測。概念如圖5-2所示。

圖5-2-1用紅線將代表正相關的資料點集合圈起來。這個紅色圈圈，很明顯呈向右上升的橢圓形。這就顯示，2個變數之間有一定的定量對應關係。因此，只要能像圖5-2-2那樣，畫出代表這個橢圓形的直線，亦即代表2個變數之傾向的直線就有辦法預測。

▼圖5-2　從相關關係到迴歸式

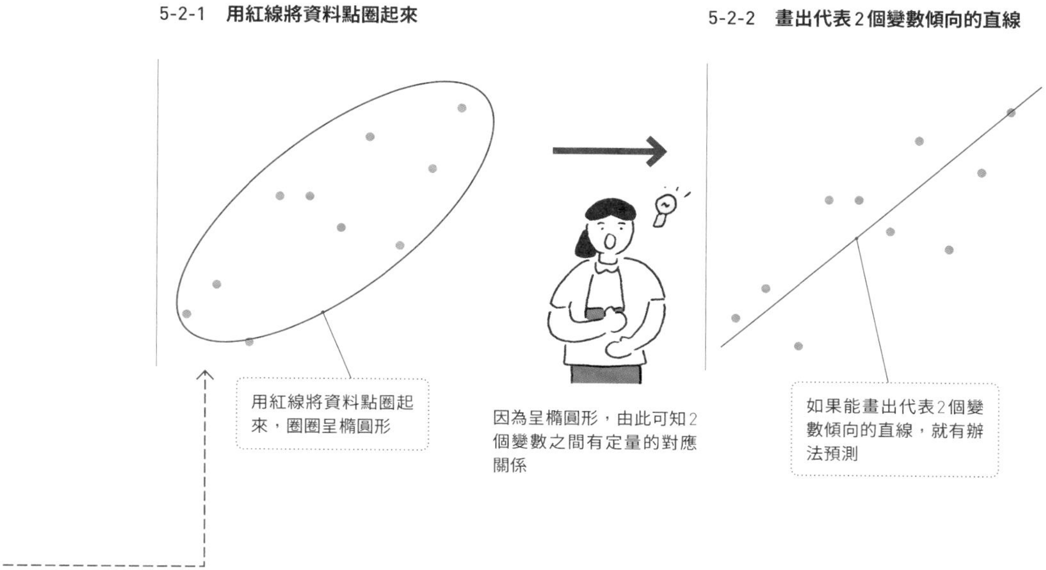

■ **迴歸模型**

假如現在，橫軸的變數為X，縱軸的變數為Y，那麼這條直線就能以跟線性函數一樣的式子來表示。而這條直線的式子，稱為迴歸直線，或是迴歸模型。

不過，如圖5-3所示，這裡得到的直線方程式，並不是數學所稱的線性函數，為了區別兩者，這個直線方程式將相當於Y截距的常數擺在變數X前面寫成常數a（迴歸截距），變數X的變化率則寫成常數b（迴歸係數）。

再強調一次，迴歸分析的先決條件是2個變數之間有相關關係。因此，圖5-3的迴歸模型，變數X與Y必須有一定的相關關係。

不過，並不是2個變數有相關關係，就能直接進行迴歸分析。X與Y之間，還要能夠假設因果關係。

如圖5-3所示，線性函數的變數X稱為自變數，變數Y稱為因變數，至於迴歸模型的變數X稱為解釋變數或預測因子，變數Y稱為被解釋變數。簡單來說，變數Y是被變

▼圖5-3　迴歸直線（迴歸模型）

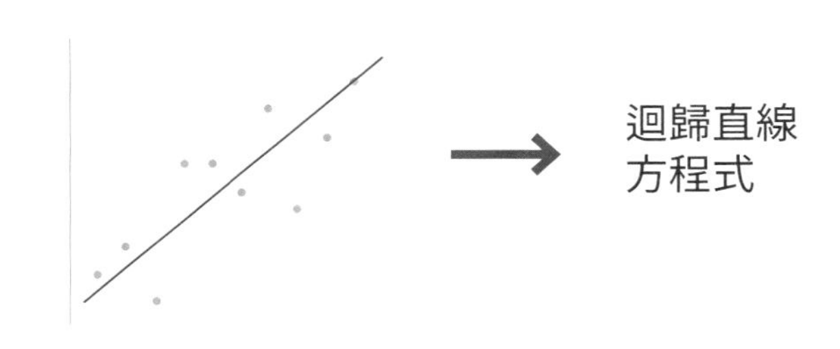

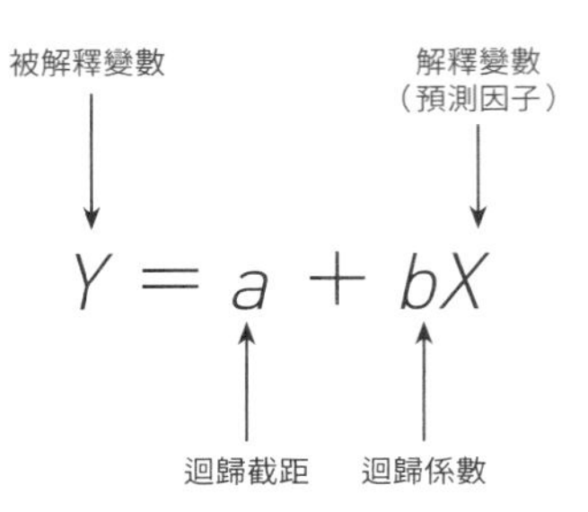

$Y = aX + b$

斜率a

截距b

如果是線性函數

X：自變數　　Y：因變數

b（截距）：X為0時的Y值

a（斜率）：變化率

數X「解釋」，所以稱為「被解釋變數」，而變數X是「預測」變數Y的「因素」，所以稱為「預測因子」。

由此可知，如果是圖5-3的迴歸模型，由於假設的關係是變數X為因素，變數Y為結果，就算兩者有相關，也無法假設迴歸直線為：

$$X = a + bY$$

■ 以血壓為例

舉例來說，我們來看血壓Y（收縮壓）與年齡X的關係吧。一般而言，年齡越大血壓越高，這是大家都知道的常識。因此，如果選出幾名影響血壓的其他因素（吸菸或飲食生活等）全都相同的對象，蒐集他們的年齡與血壓資料，結果發現確實有正相關關係，那麼……

$$Y = a + bX$$

求上述這個以年齡解釋血壓的迴歸模型就有意義了。

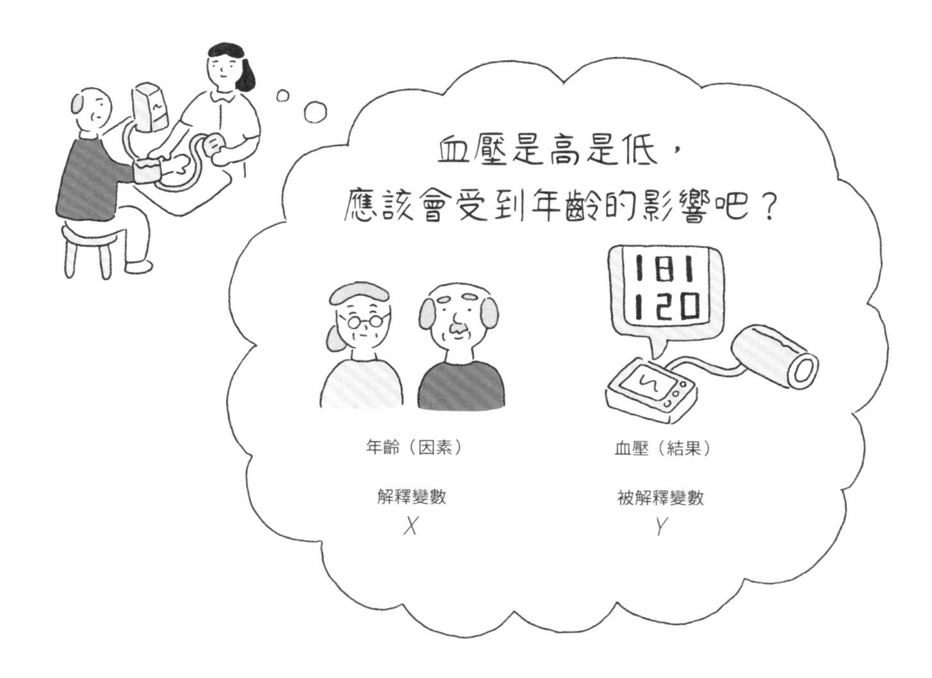

也就是說，這個迴歸模型的先決條件是必須有這樣的關係：血壓是高是低，會受到年齡的影響。不過，若是將這個迴歸模型顛倒過來變成：

$$X = a + bY$$

很顯然的，這個迴歸模型完全沒有意義。因為年齡是高是低，不可能是受到血壓的影響。

■ 估計迴歸係數與迴歸截距

如同這個例子，進行迴歸分析時，必須先審視有相關關係的變數，能否當作因素與結果建立適當的公式。確定之後才進行迴歸分析，具體來說，就是使用資料估計迴歸係數與迴歸截距這2個常數。

只要藉由這種方法確定迴歸模型，就能夠如圖5-4那樣，求對應任意變數X數值的變數Y預測值。拿血壓（收縮壓）與年齡的例子來說，假如使用蒐集的資料估計迴歸係數為0.7，迴歸截距為100，那麼就能預測年齡50歲的人血壓大概會是135。

▼圖5-4　血壓Y與年齡X的迴歸直線

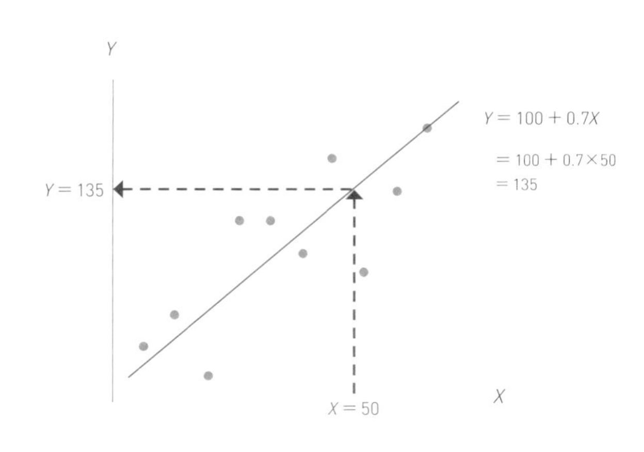

2 使用迴歸分析進行預測——以肥胖度預測血壓的數值

公衛護理師C小姐，決定針對其負責地區的50位居民實施健康調查，然後使用蒐集到的資料，進行肥胖度與血壓（收縮壓）的迴歸分析。一般認為，肥胖是造成高血壓的原因之一，於是C小姐為了確定肥胖度與血壓是否有正相關關係，嘗試先用身高與體重資料計算肥胖度指標BMI值，再調查這個數值與血壓的相關關係。

經過計算，相關係數為0.62，顯示兩者有略強的正相關關係，從散布圖也可看出呈向右上升的傾向。

▼圖5-5 血壓與BMI值的散布圖

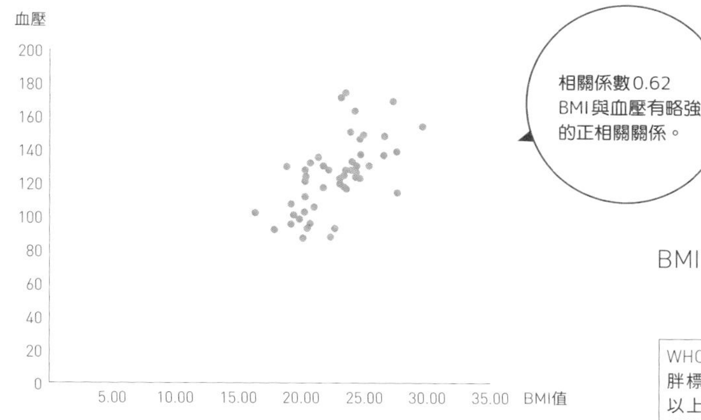

$$\text{BMI} = \frac{\text{體重}}{\text{身高}^2}$$

WHO與日本肥胖學會訂出的肥胖標準，分別為BMI值30與25以上（體重單位為公斤，身高單位為公尺）。

■ **使用最小平方法估計迴歸係數與迴歸截距**

接著，為了將分析目的「肥胖與血壓的關係」公式化，C小姐以BMI值為解釋變數X，以血壓為被解釋變數Y進行迴歸分析。另外，一般進行迴歸分析時，會使用最小平方法來估計迴歸係數與迴歸截距。

如圖5-6所示，最小平方法是用來求迴歸係數與迴歸常數，使變數X的資料點代入迴歸模型公式後得到的預測值，與變數Y實際資料點之間的差距（殘差：虛線部分）最小化。

更正確地說，此方法是用來求估計值並使差距的平方總和最小化，所以才稱為「最小平方法」。

C小姐也使用最小平方法，求迴歸係數與迴歸截距。最後得到的估計值，迴歸係數為4.9，迴歸截距為14.5。如圖5-7所示，若根據這項結果進行預測，當肥胖的標準值BMI為25時，血壓的預測值為137（＝14.5＋4.9×25），由此可知肥胖是造成高血壓（130以上）的風險之一。

C小姐的迴歸分析，只用1個解釋變數來預測被解釋變數，不過解釋變數的個數可

▼圖5-6　最小平方法的概念

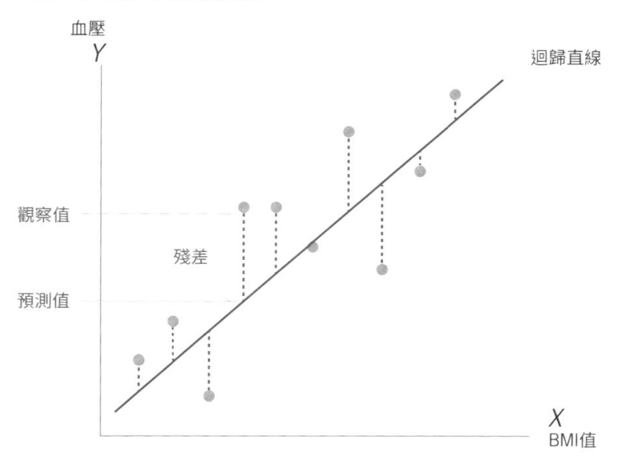

隨意增加。

如同上述，迴歸分析既簡單又有通用性，因此是最具代表性的預測手法，應用在各種領域。不過，這種手法也是有問題的。

例如，「從迴歸直線取得的預測值可信賴度有多少（預測的準確度）」、「使用數個解釋變數時，哪個變數可以說真的對被解釋變數有影響」等等。關於這些問題，我們到下一節繼續討論吧！

▼圖5-7　血壓與BMI值的散布圖

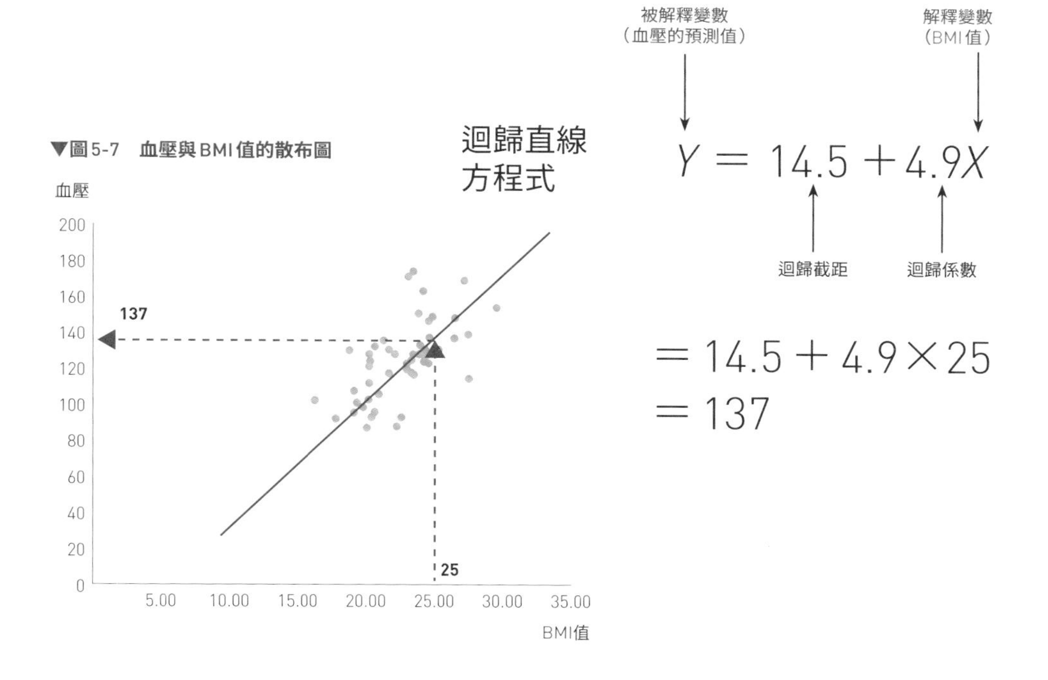

評估預測的好壞

多元迴歸分析與迴歸診斷

C小姐使用蒐集到的調查資料，進行肥胖與血壓的迴歸分析，
不過她認為影響血壓的其他因素也應該討論。
因此除了肥胖外，她還將動脈硬化的指標
列入解釋變數，再次進行迴歸分析。

1　多元迴歸分析的概念——用於以數個解釋變數作為因素的情況

如同前述，C小姐認為肥胖是血壓的因素，於是使用BMI值進行迴歸分析，預測血壓（收縮壓）。這種情況求到的迴歸直線，是單一解釋變數（BMI值）對應被解釋變數（血壓），因此稱為簡單迴歸模型。不過，C小姐認為有必要調查數個因素對血壓的影響，考慮擴展自己求到的迴歸模型。

這種迴歸模型，稱為多元迴歸模型。多元迴歸模型跟簡單迴歸模型一樣，被解釋變數與各解釋變數之間要有相關關係，此外各解釋變數與被解釋變數之間的因果關係必須成立。

▼圖5-8　血壓與年齡的散布圖

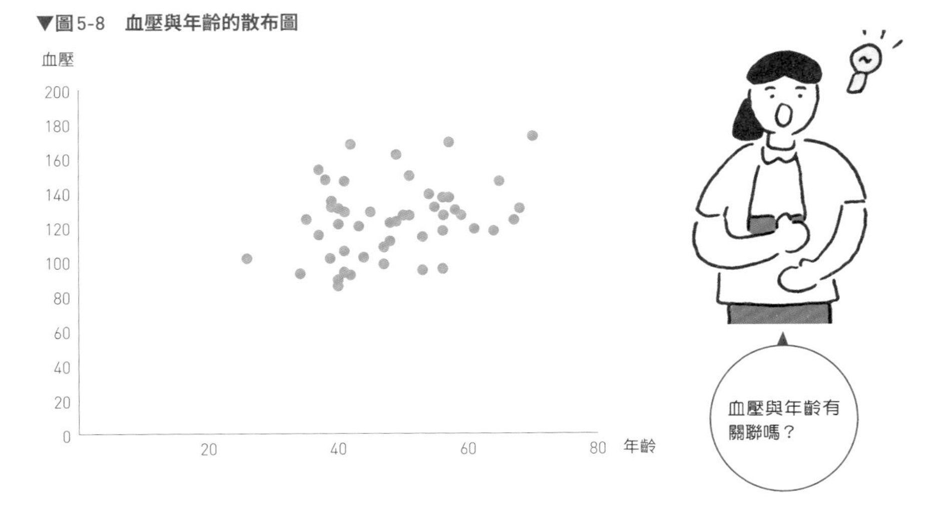

■ 將「年齡」列為變數加進來看看

說到要追加的因素，C小姐馬上想到「年齡」。於是，C小姐決定先調查血壓與年齡有無相關關係。

圖5-8是根據C小姐調查的資料製作而成的血壓與年齡散布圖，跟血壓與BMI值的散布圖相比，前者資料的離散程度略微變大。C小姐實際求相關係數，結果為0.31，確定兩者有較弱的正相關關係。不過，跟BMI值相比年齡的相關關係很弱，故她推測「肥胖」與「飲食生活習慣」等其他因素也有影響，很難只用年齡來解釋血壓。

儘管有這樣的問題，C小姐仍決定照當初的計畫，嘗試以BMI值及年齡為解釋變數進行多元迴歸分析。假設的多元迴歸模型如圖5-9所示。

▼圖5-9 多元迴歸模型

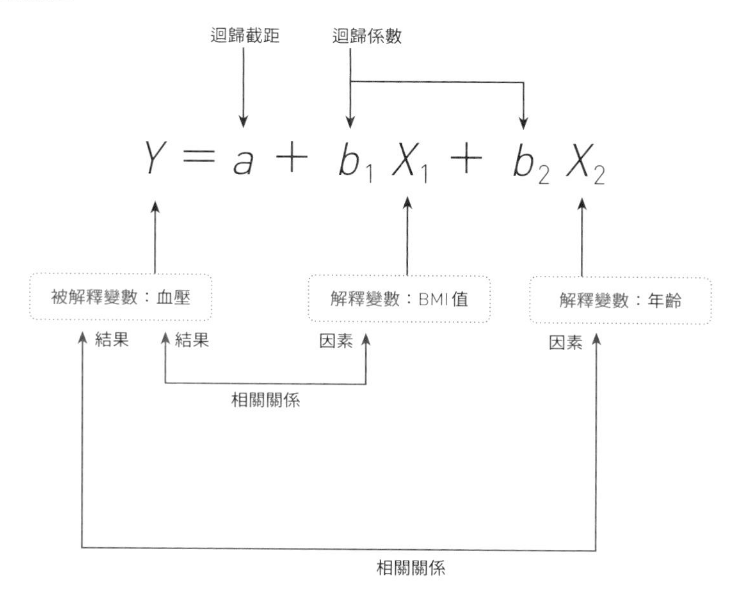

■ **使用Excel的「資料分析」**

運用多元迴歸模型求迴歸截距或各個迴歸係數時，若使用圖5-10展示的Excel附加元件（增益集）「資料分析」會很方便。這個「資料分析」功能包括了「迴歸分析」，以及多種資料科學所用的資料分析方法，讓人能夠輕鬆使用這些方法進行計算。另外，關於分析工具的詳細用法，請參考書末附錄。

C小姐也嘗試使用「資料分析」功能中的［迴歸］，求圖5-9的迴歸截距與迴歸係數。結果如圖5-11所示。因此，如果是年齡60歲BMI值為30的人，計算結果為：

$$-4.5+4.6\times30+0.5\times60=163.5$$

故可以預測血壓會相當高。

話說回來，圖5-10［迴歸］畫面裡的［殘差］項目，設置了［殘差］、［殘差圖］、［標準化殘差］、［樣本迴歸線圖］這4個選項。

當中有關殘差的選項留到之後再介紹，這裡先簡單說明［樣本迴歸線圖］。這個選項是輸出各解釋變數與被解釋變數的散布圖，想透過視覺化檢查2個變數有無相關關係時就很方便。

拿C小姐的多元迴歸模型來說，可輸出圖5-5的血壓與BMI值散布圖，以及圖5-8的血壓與年齡散布圖。

▼圖5-10　選擇Excel附加元件「資料分析」裡的［迴歸］

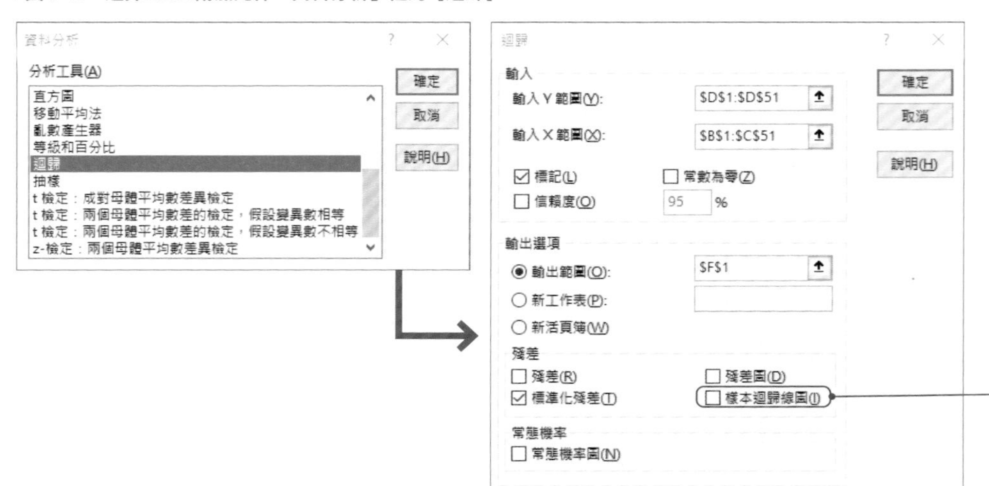

▼圖5-11 血壓與BMI值、年齡的多元迴歸模型

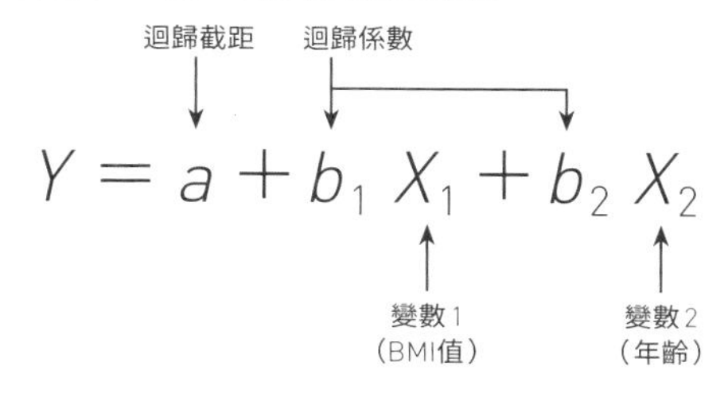

$$Y = a + b_1 X_1 + b_2 X_2$$

$$Y = -4.5 + 4.6X_1 + 0.5X_2$$

嘗試預測年齡60歲BMI值為30的人的血壓……

$$= -4.5 + 4.6 \times 30 + 0.5 \times 60$$
$$= 163.5$$

輸出圖5-5（血壓與BMI值）以及
圖5-8（血壓與年齡）這2張散布圖

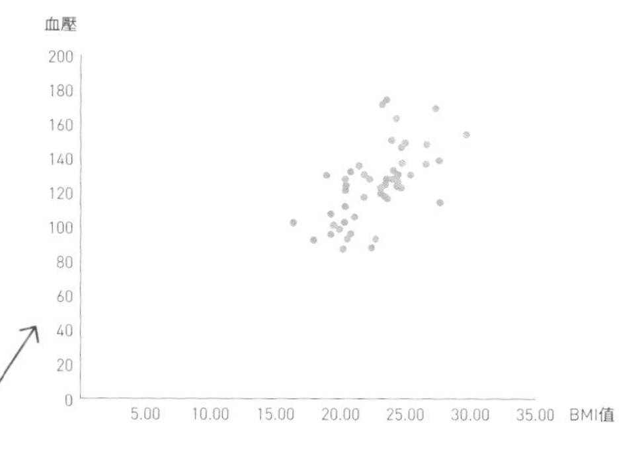

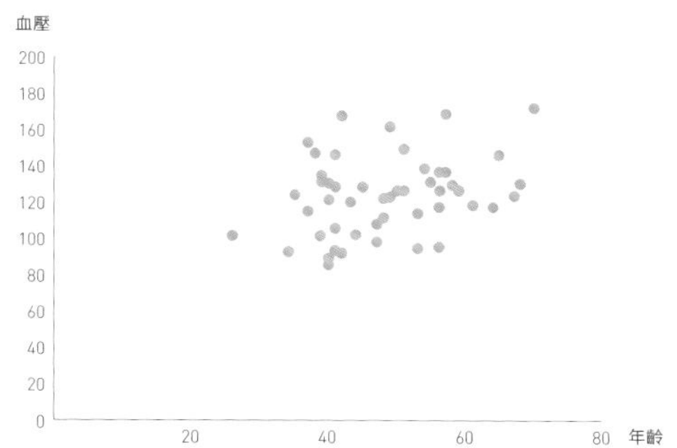

2 好的迴歸模型——就是解釋變數盡量少一點，而且判定係數很高的迴歸模型

前面提到，C小姐的多元迴歸模型算出，年齡60歲BMI值為30的人，血壓的預測值是163.5，可以推測血壓會相當高。但是，這個預測值的可信賴度有多少呢？既然163.5只是預測的數值，會產生這種疑問也是很正常的。

預測值的可信賴性，是歸結於計算預測值的迴歸模型好壞的問題，必須分成「選擇變數的問題」與「迴歸模型適合度的問題」兩方面來討論。

①選擇變數的問題

什麼樣的解釋變數組合，才算是最好的迴歸模型呢？

②迴歸模型適合度的問題

如何評估利用迴歸模型取得的預測值準確度呢？

選擇有意義的解釋變數組合（選擇變數的問題）

統計學與資料科學領域有項原則：模型要盡量簡單，不過預測的準確度也要盡量拉高。

即便是為了提高預測的準確度，如果一直將不需要的變數列入解釋變數，建立冗長

▼圖5-12　解釋變數有k個的多元迴歸模型

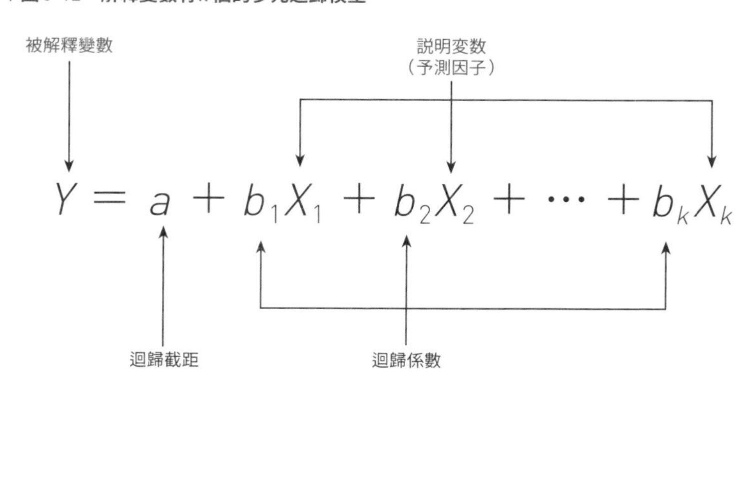

的迴歸模型，這絕對不是理想的做法。因此，必須從被解釋變數的因素這個角度仔細分辨，有意義的解釋變數與沒意義的解釋變數。這就是①選擇變數的問題。

■ **運用迴歸係數的t檢定選擇變數**

迴歸係數的t檢定，是選擇變數時最常使用的統計假設檢定。除此之外，利用訊息量的AIC（赤池訊息量準則）也是最近常用的手法。由於前者可利用Excel的「分析工具」輕鬆輸出，這裡就舉迴歸係數的t檢定為大家介紹吧！

如第2章所述，運用統計假設檢定時，資料必須是從母體隨機抽出的樣本資料。之後，建立虛無假設與對立假設這2個假設，再判斷哪個假設才是正確的。以迴歸係數的t檢定來說，就是建立如圖5-13的假設。

如圖5-13所示，關於對應第i個解釋變數Xi的迴歸係數bi，如果選擇虛無假設，計算時就算賦予bi某個數值，母體真正的迴歸係數也會是0，而積$0 \times Xi$也會是0，因此從「用來解釋被解釋變數Y的因素」角度來看，Xi這個解釋變數是不需要的。

▼圖5-13　迴歸係數的t檢定所用的虛無假設與對立假設

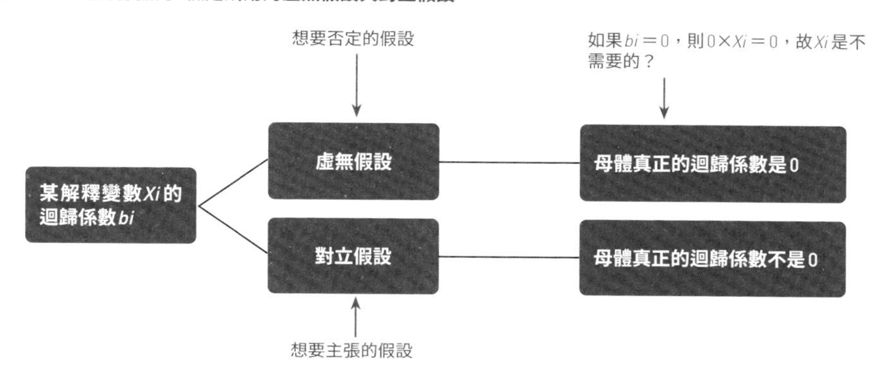

檢定…調查在統計上，結論的確定性有多少。
AIC…要從數個模型選出1個時，用來進行相對評估的手法。數值越小代表適合度越高。

■ **利用顯著水準來判斷**

不過要注意的是，這類判斷一定會有搞錯的風險。

這種風險稱為顯著水準，指其實虛無假設才是對的，卻誤選了對立假設的機率。

拿迴歸係數的*t*檢定來說，則是指誤將其實不需要的解釋變數（迴歸係數為0），判斷成有意義的解釋變數（迴歸係數非0）之機率（在統計學上，有意義稱為「顯著」）。顯著水準可由分析者隨意設定，一般常用的水準為1%、5%與10%。

圖5-14是C小姐用Excel的「分析工具」進行迴歸分析後輸出的部分結果，接著可根據此結果中的「P-值」檢定迴歸係數。

具體而言就是如圖5-15那樣，先比較顯著水準與「P-值」再選擇假設。舉例來說，如果顯著水準設定為5%（0.05），在C小姐的多元迴歸模型中，「BMI值」的「P-值」為0.000，「年齡」的「P-值」為0.042，兩者都比顯著水準5%低。因此，可選擇對立假設，判斷這些變數的「真正的迴歸係數並非為0」，從解釋血壓的變數這個角度來

▼圖5-14　C小姐用Excel的「分析工具」進行多元迴歸分析所得的結果

	係數	標準誤差	*t*統計	P-值
截距	-4.5	21.596	-0.207	0.837
BMI值	4.6	0.871	5.311	0.000
年齡（現在）	0.5	0.240	2.088	0.042

顯著水準…判斷在統計上有意義、「並非偶然」的機率。一般使用的水準為1%、5%與10%。

P-值…代表解釋變數的係數顯著性之指標。

*t*值…求「P-值」時所需的數值，用資料算出。

▼圖5-15　選擇假設

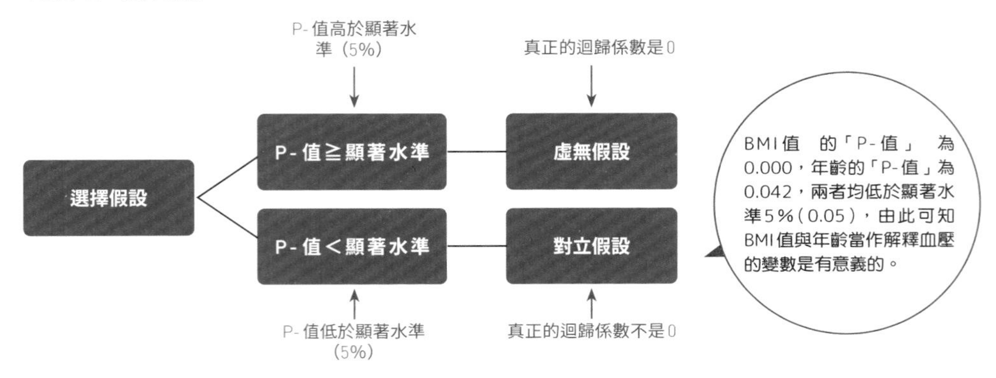

看，這2個解釋變數是有意義的。

預測的準確度（迴歸模型適合度）

如同上述，只要針對各解釋變數的迴歸係數進行檢定，並選擇需要的解釋變數，就能逐漸改良成簡單又有意義的多元迴歸模型。那麼，用改良過的迴歸模型進行預測時，該怎麼評估預測的準確度呢？這即是②「迴歸模型適合度」的問題。

圖5-16是迴歸截距與迴歸係數皆相同的2個簡單迴歸模型與資料的散布圖。由於是完全相同的迴歸模型，以任意X值算出的預測值也完全相同。但是，觀察分布在迴歸直線周圍的資料點會發現，圖5-16-1的離散程度比圖5-16-2還大。

▼圖5-16　擁有相同的迴歸截距與迴歸係數的2個迴歸模型

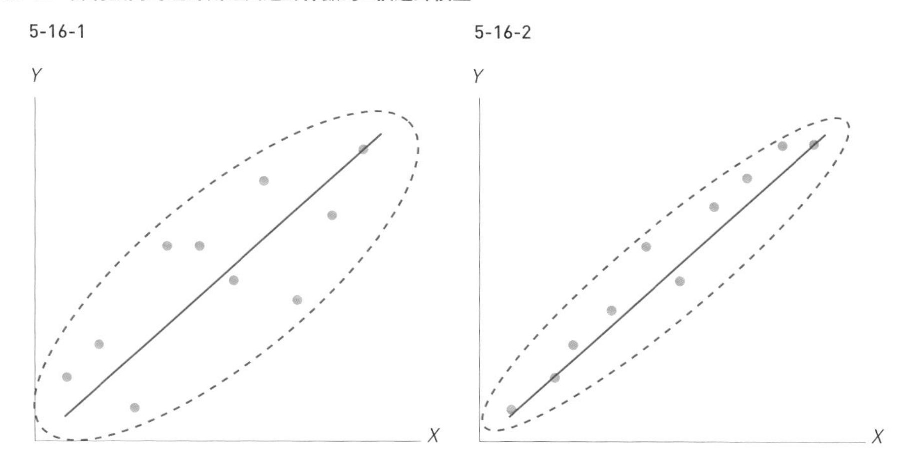

■ 以使用殘差計算的判定係數評估適合度

如圖5-17所示，這裡說的離散稱為殘差，是指實際值與預測值的差。也就是說，整體來看，圖5-16-1的迴歸模型殘差，大於圖5-16-2的迴歸模型，這意謂著迴歸模型與資料的適合度不佳，所以預測值的準確度也不佳。

如同上述，殘差是以迴歸分析進行預測時，評估準確度的根據之一。因此，一般都是以使用殘差計算的判定係數這項指標，衡量迴歸模型的適合度，再評估預測值的準確度。具體來說，判定係數是介於0到1之間的數值，越接近1代表迴歸模型的適合度越好，因此預測值的準確度也很高。不過，多元迴歸模型的解釋變數個數很多，當個數接近樣本的大小時，可使用調整後的判定係數作為指標。

另外，Excel「分析工具」裡的［迴歸］，將判定係數標示為「R^2」，調整後的判定係數則標示為「調整的R^2」。以C小姐的迴歸分析來看，因「R^2」為0.434，「調整的R^2」為0.410，兩者均低於0.5，這表示適合度不是很好，所以預測值的準確度也不會太高。

▼圖5-17　迴歸模型的殘差

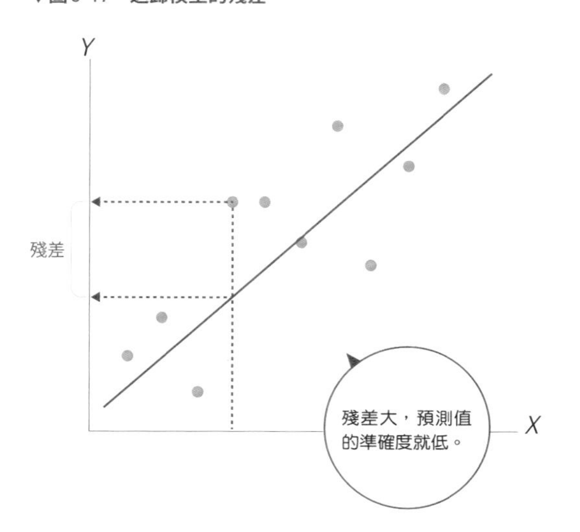

迴歸統計	
R 的倍數	0.659
R^2	0.434
調整的 R^2	0.410
標準誤	16.434
觀察值個數	50

［迴歸］的輸出結果中部分的判定係數

殘差…實際值與預測值的差。

判定係數…表示以迴歸分析求到的目的變數的預測值（迴歸直線），跟實際值有多接近的指標。數值介於0到1之間，越接近1代表適合度越佳。考量過解釋變數個數的判定係數，則稱為調整後的判定係數。

3 各種迴歸診斷——使用資料驗證迴歸分析的先決條件

在資料科學上，迴歸分析是應用範圍最廣的手法之一。話雖如此，使用時有幾個必須滿足的先決條件。即使運用t檢定選擇變數，而且之後重新計算的迴歸模型判定係數數值很高，也不能說已滿足這些先決條件，而且這種情況時常發生。

為了應付這個問題，迴歸診斷這一領域最近開始發展起來，檢查指定的迴歸模型有無滿足這些條件的機會也變多了。因此，本節就介紹與以下3項先決條件有關的迴歸診斷方法，並提供相關的建議與叮嚀。

①非線性的問題

被解釋變數與解釋變數為線性關係

②多元共線性的問題

各個解釋變數之間不存在很強的相關關係（多元共線性）

③離群值的問題

資料不存在極端的數值（離群值）

■ 非線性

首先是①非線性的問題。迴歸模型的先決條件是，解釋變數與被解釋變數的關係為線性（圖呈直線傾向）。但是，實際觀察資料的離散狀況，像圖5-18那樣呈非線性關係的情況還不少。要確認資料點的分布是否呈線性，最方便且簡單的方法，就是觀察被解釋變數與各解釋變數的散布圖。

此時可使用Excel的「分析工具」，以圖5-10（→P.124）展示的［迴歸］選項［樣本迴歸線圖］來建立圖表。

如果觀察散布圖後發現，資料點的分布

▼圖5-18 被解釋變數與解釋變數為非線性的情況

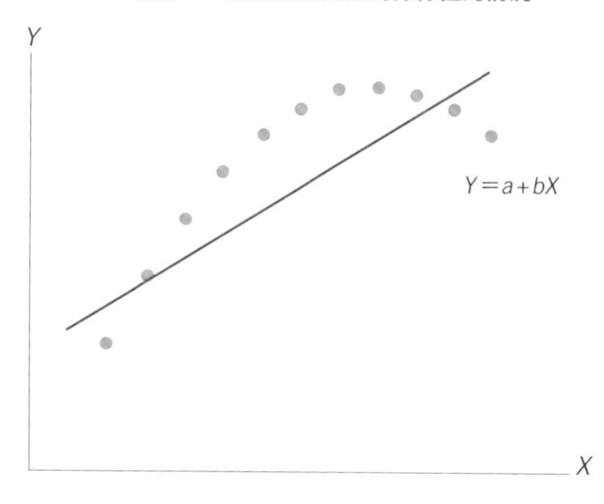

迴歸診斷…以迴歸分析評估迴歸模型是否適當的方法。

呈非線性（圖並未呈直線傾向），一般的處理方法是適當轉換各變數的資料（例如對數轉換）再進行迴歸分析，不過有些資料的性質無法這麼處理。這種時候就會進行以非線性模型為先決條件的迴歸分析（非線性迴歸），但在數學上避免不了操作會變得複雜的問題。另外，關於C小姐的多元迴歸模型，從圖5-5與圖5-8的散布圖來看應該沒有線性的問題。

■ **多元共線性**

接著是多元共線性的問題。目前已知，如果解釋變數互有很強的相關關係，就表示存在著多元共線性，會對迴歸係數的估計或檢定造成不好的影響。

至於判斷有無多元共線性的迴歸診斷方法，可使用VIF（變異數膨脹因子，數值大於10可能有多元共線性）或條件數（數值大於15可能有多元共線性）這類指標，可惜的是，Excel「分析工具」的［迴歸］並無輸出的選項。

因此，雖然只是權宜之計，我們也可以使用「分析工具」的［相關係數］，求所有解釋變數相互的相關係數，假如是有強相關（例如相關係數的絕對值超過0.7）的解釋變數組合，就能懷疑當中存在著多元共線性。

關於多元共線性的處理方法，目前並沒有確實又有效的辦法。最簡單的處理方法，就是排除其中一個有高度相關的解釋變數，如果基於分析目的沒辦法這麼做，則會使用脊迴歸（ridge regression）或Lasso迴歸這類特殊的迴歸模型進行分析。

另外，關於C小姐的多元迴歸模型，「BMI值」與「年齡」的相關係數很低，只有0.13，因此可以認為並未發生多元共線性。實際針對這2個變數試算VIF與條件數，VIF為1.02，條件數為10.51，看來是沒

▼**圖5-19　血壓與BMI值的迴歸分析**

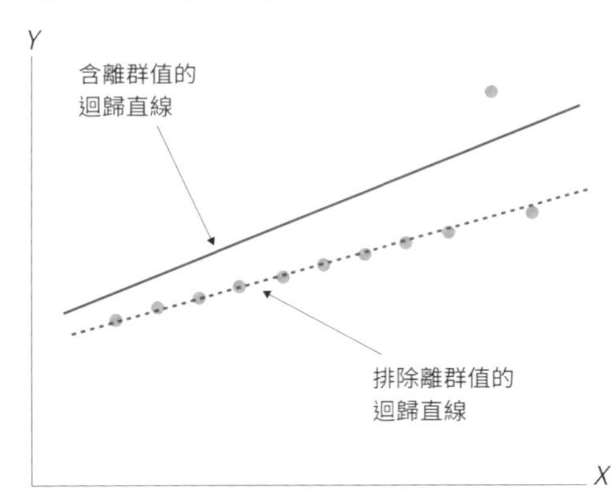

多元共線性…指解釋變數互有很強的相關關係。對迴歸係數的估計或檢定有不好的影響。

有多元共線性的疑慮。

■ 離群值的問題

最後是離群值的問題。進行迴歸分析時，如果資料含有離群值，就會像圖5-19那樣迴歸係數的數值變得不穩定，對估計結果與檢定結果造成不好的影響。因此，必須檢查資料是否存在離群值。這裡就介紹其中一種檢查方法——標準化殘差。

標準化殘差也包含在圖5-10（→P.124）展示的［迴歸］選項當中（［標準化殘差］），我們可以使用這個功能，輸出對應變數*Y*資料的標準化殘差。至於判斷標準，當殘差的絕對值超過2時，大概就要懷疑是變數*Y*的離群值了。

而離群值的處理方法，如果對分析結果有很大的影響，一般會排除不列入計算。以C小姐的多元迴歸模型來說，當中有標準化殘差為2.16、－2.14與2.49的離群值。因此，排除相當於離群值的這2個資料後再重新計算，結果如圖5-20所示。

迴歸截距或迴歸係數的數值不同是正常的，但要注意的是，觀察「P-值」後可以判斷，即使顯著水準為10%，「年齡」仍是沒有意義的解釋變數，此分析結果與最初的迴歸分析有很大的不同。由此可見，離群值的影響就是這麼大。

▼圖5-20　排除離群值的多元迴歸分析結果

	係數	標準誤	*t* 統計	P-值
截距	-7.6	20.564	-0.372	0.712
BMI值	5.1	0.821	6.199	0.000
年齡	0.3	0.231	1.505	0.139

排除離群值後

	係數	標準誤	*t* 統計	P-值
截距	-4.5	21.596	-0.207	0.837
BMI值	4.6	0.871	5.311	0.000
年齡	0.5	0.240	2.088	0.042

排除離群值前

標準化殘差…殘差除以標準差的估計值。用來檢查有無離群值的指標。絕對值超過2時，就很可能是離群值。

5-3

預測定性資料

使用數量化 I 類與邏輯斯迴歸

公衛護理師C小姐思索著，透過調查取得的其他變數，能否當作影響血壓的因素來使用。
但是，C小姐實施的調查，以類別變數的定性資料居多，無法使用以定量資料為先決條件的迴歸分析。
因此，C小姐決定運用可使用定性資料的數量化 I 類與邏輯斯迴歸進行分析。

1　數量化 I 類——被解釋變數為定量資料，解釋變數為定性資料的迴歸分析

C小姐實施的調查中，除了「年齡」、「身高」、「體重」外，還針對各種項目提出問題，最後得到的資料大多為定性資料，所以無法使用一般的迴歸分析。於是，她決定使用數量化 I 類與邏輯斯迴歸（logistic regression，或譯為羅吉斯迴歸）來進行分析。

之前C小姐嘗試進行多元迴歸分析時，拿「年齡」作為預測「血壓」的解釋變數，但效果並不怎麼好。因此，C小姐考慮改良迴歸模型，重新研究調查資料，看看其他變

▼圖5-21　C小姐調查生活習慣與血壓的關係後製作的資料集

NO	年齡（現在）	性別	吸菸	…	收縮壓	…
1	40	2	2	…	88	…
2	64	2	2	…	117	…
3	56	1	2	…	136	…
:	:	:	:	:	:	:
50	37	1	2	…	153	…

將定性資料
變更成定量資料

性別：男性＝1　女性＝2
吸菸：「1天會吸10根以上的菸嗎？」→不吸＝1　吸＝2

數能否作為解釋變數。

結果如圖5-21所示，她以「性別」及「吸菸」作為候選變數，但兩者並非定量資料，而是定性資料，不能使用前面介紹的迴歸分析。於是，C小姐打算使用數量化 I 類這個資料分析方法來取代迴歸分析。

■ **將定性資料數值化**

基本上，數量化 I 類是把圖5-21的「性別」與「吸菸」這種類別變數的資料，轉換成圖5-22那種0與1的資料來計算。

只要使用這類資料，推算相當於迴歸係數的類別分數，就可以使用「性別」與「吸菸」這種類別變數的定性資料，預測「血壓」這個連續變數的定量資料。

▼圖5-22　變更成數量化 I 類所用的資料形式

NO	性別（*X*1）		吸菸（*X*2）		收縮壓（*Y*）
	男（*C*1）	女（*C*2）	不吸（*C*3）	吸（*C*4）	
1	0	1	0	1	88
2	0	1	0	1	117
3	1	0	0	1	136
:	:	:	:	:	:
50	1	0	0	1	153

用0與1將男女性別數值化。

圖5-23是套用圖5-22資料的數量化Ⅰ類模型，以及C小姐嘗試的估計結果。

另外要注意的是，數量化Ⅰ類模型跟迴歸模型不同，係數bi（類別分數）對應的是類別Ci而不是變數。

從圖5-23的結果可知，每天吸菸超過10根的男性血壓預測值為：

$123.9 + 8.1\times1 - 6.9\times0 - 2.2\times0 + 0.8\times1$
$= 132.8$

故有超過高血壓標準值130的風險。

■ **使用虛擬變數以迴歸分析工具進行預測**

C小姐嘗試的數量化Ⅰ類，並未包含在Excel的「分析工具」裡，不過如果圖5-21的資料不是變更成圖5-22那樣，而是轉換成圖5-24的形式，就可以使用迴歸分析，求出能得到相同預測值的迴歸模型。

圖5-24的變數$X1$與$X2$，是將圖5-21的類別變數「性別（男性＝1，女性＝2）」與「吸菸（不吸＝1，吸＝2）」，轉換成「性別（男性＝1，女性＝0）」與「吸菸（不吸＝1，吸＝0）」這種0與1的類別，也就是轉換成「某現象

▼圖5-23　數量化Ⅰ類模型與C小姐的估計結果

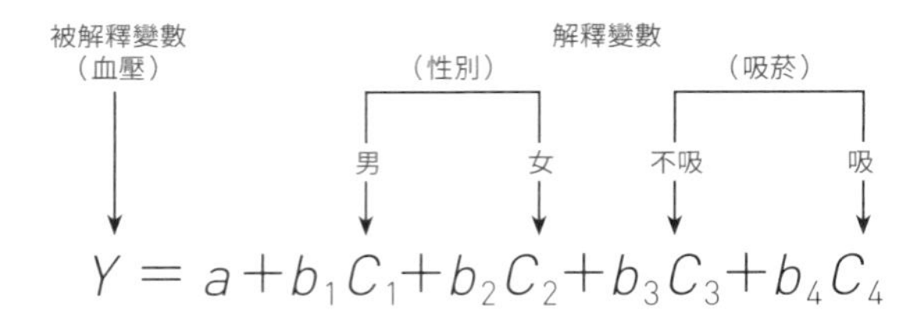

a　迴歸截距
$b_1 \sim b_4$　迴歸係數
$C_1 \sim C_4$　解釋變數

預測每天吸菸超過10根的男性血壓，結果為……

$$Y = 123.9 + 8.1C_1 - 6.9C_2 - 2.2C_3 + 0.8C_4$$
$$= 123.9 + 8.1\times1 - 6.9\times0 - 2.2\times0 + 8.1\times1$$
$$= 132.8$$

發生（＝1），或者沒發生（＝0）」這種形式的變數。這稱為虛擬變數，迴歸分析經常使用這種變數。

圖5-25是使用圖5-24的資料進行的迴歸分析結果。跟剛才的預測範例一樣，使用這個迴歸模型求每天吸菸超過10根的男性血壓預測值，結果如下：

$$117.8 + 15.0 \times 1 - 3.0 \times 0 = 132.8$$

可以確定預測結果跟數量化 I 類是一樣的。

▼圖5-24　使用虛擬變數的資料形式

No.	性別 (X1)	吸菸 (X2)	收縮壓 (Y)
1	0	0	88
2	0	0	117
3	1	0	136
:	:	:	:
50	1	0	153

▼圖5-25　使用迴歸模型估計的結果

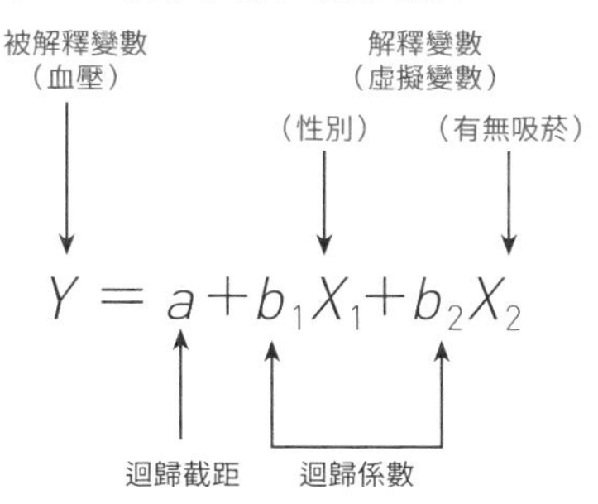

預測每天吸菸超過10根的男性血壓，結果為……

$$\begin{aligned} Y &= 117.8 + 15.0X_1 - 3.0X_2 \\ &= 117.8 + 15.0 \times 1 - 3.0 \times 0 \\ &= 132.8 \end{aligned}$$

2 邏輯斯迴歸——被解釋變數為定性資料，解釋變數為定量資料的迴歸分析

C小姐想進一步研究受高血壓或肥胖影響的疾病，著眼於圖5-26的「心肌梗塞」變數。因此，C小姐思考能否分析「5年前的血壓（收縮壓）」與「BMI值」對此疾病的影響。

她假設的是，以「心肌梗塞」為被解釋變數，以「5年前的血壓」與「BMI值」為解釋變數的迴歸模型，但問題是跟剛才嘗試的數量化Ⅰ類相反，被解釋變數是定性資料，解釋變數是定量資料。

■ 預測發生心肌梗塞的機率

使用這種類型的資料進行預測時，常用的方法是邏輯斯迴歸。正確來說，使用邏輯斯迴歸求出的預測值，是某現象發生的比率（機率）。以C小姐在圖5-26進行的研究來說，就是指預測資料數值變成1的機率，亦即「發生心肌梗塞的機率」。

邏輯斯迴歸會將被解釋變數的數值，轉換成對數勝算比。以圖5-26的「心肌梗塞」為例，當數值為1時（有心肌梗塞既往症的人），50位調查對象中回答1的人比率為p，然後將「$p/(1-p)$」轉換成對數（自然對數），取代原本的數值「1」（這種轉換稱為對數勝算轉換）。

於是，C小姐使用圖5-26的資料進行分析，得到圖5-27的邏輯斯迴歸模型估計結果（模型與一般的迴歸分析相似，但估計方法相異，因此無法使用Excel「分析工具」的［迴歸］來估算）。

從此估計結果來看，當BMI值為30（肥

▼圖5-26　分析對心肌梗塞的影響所用的資料

NO	心肌梗塞既往症	BMI值	5年前的收縮壓
1	0	22.04	112
2	1	23.20	159
3	0	24.43	119
:	:	:	:
50	1	29.39	78

使用BMI值與5年前的血壓（兩者皆為定量資料），預測是否會發生心肌梗塞（定性資料）。

心肌梗塞既往症：「過去是否曾被診斷為心肌梗塞」→有＝1　沒有＝0

column

對數

對數是將以下的（1）式轉換成（2）式。（2）式的a稱為「對數的底」，當a＝10時，（2）式稱為常用對數。另外，當a為被稱作「自然對數的底」的常數e（2.71828182846…）時，（2）式稱為自然對數。

$$y = a^p \cdots (1) \Rightarrow p = \log_a y \cdots (2)$$

將資料轉換成對數的目的，在於將模型線性化。對數可像以下的（3）式那樣，將變數Y與Z的乘法轉換成加法運算，或是像（4）式那樣將除法轉換成減法運算。換言之就是線性化。由於有這種方便的特徵，對數經常運用在資料科學等領域的工程計算。

$$\log_a xy = \log_a x + \log_a y \cdots (3)$$

$$\log_a \frac{x}{y} = \log_a x - \log_a y \cdots (4)$$

column

勝算比

勝算（odds）又譯為勝率，是賽馬或賽車這類賭博常用的詞彙。在數學上則是指某現象的發生機率p，與現象不發生的機率（$1-p$）的比，定義如下：

$$\frac{p}{1-p}$$

從定義式可知，當計算值超過1時，發生某現象的可能性，大於不發生的可能性。

使用邏輯斯迴歸時，為了將模型線性化，會將勝算比轉換成對數，而這種轉換稱為對數勝算轉換（logit transformation）。

胖），血壓為130（高血壓）時預測值為：

$-9.720+0.246\times30-0.026\times130$
$=1.040$

不過要注意的是，這個預測值「1.040」是用經過對數勝算轉換的數值估算的預測值，不是此分析的最終目標「發生心肌梗塞的機率」。

要將這個預測值換算成機率，需要經過圖5-28的計算。另外，圖5-28的e是被稱為「自然對數的底」的常數。

e=2.71828182846……。

▼圖5-27　邏輯斯迴歸模型與C小姐的估計結果

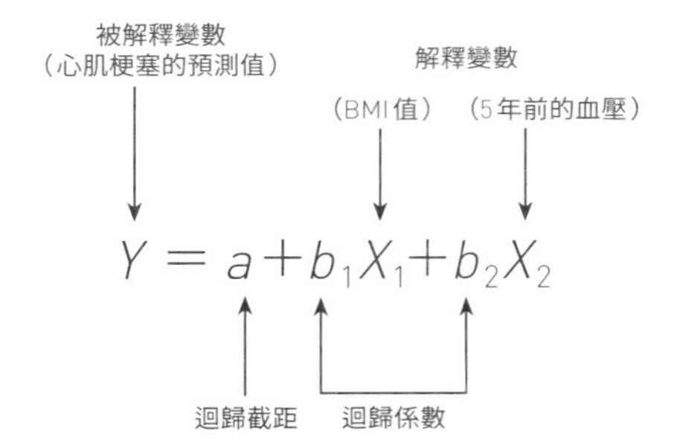

求BMI值為30，5年前的血壓為130的人發生心肌梗塞的預測值，結果為……

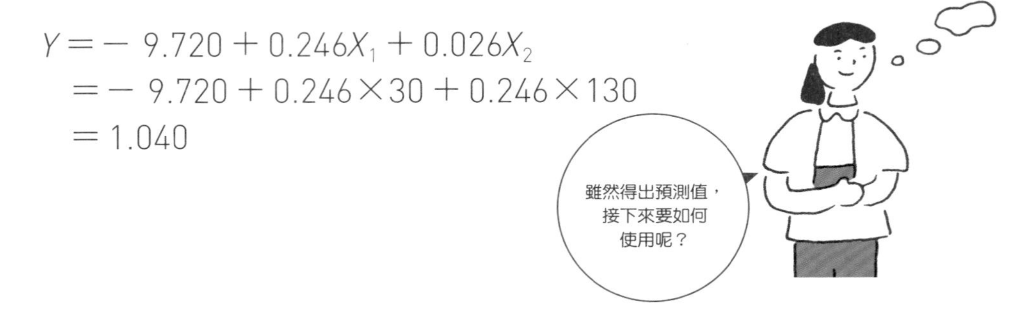

從圖5-28的結果可知，BMI值為30（肥胖），血壓為130（高血壓）的人，罹患心臟疾病的風險（機率）大約是74%。

除此之外也發現，因為「BMI值」與「5年前的血壓」兩者的係數都是正值，當BMI值超過30，血壓超過130時，這個機率會變得更高。結論就如大家所知，肥胖與高血壓會提高罹患心臟疾病的風險。

▼圖5-28　發生心肌梗塞的機率

$$\text{機率} = \frac{1}{1+e^{-(\text{預測值})}}$$

這裡代入預測值 1.040

$$= \frac{1}{1+0.353}$$

$$= 0.739\cdots$$

第6章

探討資料倫理

——給資料化社會敲響警鐘——

對「資料化社會」而言，資料具備重要的意義。
但是，資料是人「製作」的。
因此，若要適當地生產、管理、運用資料就不能缺少指引或規範。
資料倫理即是探討這個問題。

6-1

何謂資料倫理

資料化社會的必修科目

現代是個被各種資料包圍的「資料化社會」。
對生活在「資料化社會」的我們而言，
不只要學習資料的「科學」，學習資料的「倫理」也很重要。
本章就來跟各位談談資料倫理。

1　資料倫理與資料化社會

在漫畫家雨瀬栞的知名作品《接下來是倫理課》（集英社出版，臺灣由東立出版社代理出版）中，主角曾說：「倫理是人生的必修科目。」想來這真是一句至理名言。

要回答「何謂倫理」這個問題並不簡單，這裡就先將倫理定義為，當我們在社會上生活時，用來判斷「什麼是對的，什麼是錯的」的規範。這也就是說，我們就算不懂倫理也能過活。但是，要在社會上當一位好公民，就不能不學習及體現倫理這門「必修科目」。

雖說倫理是人類的行為規範，但因為人類的行為五花八門，針對各種問題探討倫理也是很重要的。本章要討論的資料倫理就是其中之一。

如同第1章所述，現代是個被各種資料包圍的「資料化社會」。換言之，現代社會若是少了資料，日常生活就無法正常運作。

對生活在這樣的社會裡，天天接觸資料的我們而言，除了學習資料的「科學」外，知悉資料的「倫理」也很重要。

資訊倫理的4大原則

關於資料倫理，現階段並無一個定論，

▼圖6-1　資料倫理是資料化社會的必修科目

甚至就連資料倫理一詞也不算普遍。不過，目前有「資訊倫理」這個領域，而且已發表了許多研究成果。

一般認為，資訊是指「能夠瞭解各種現象或事實的內容」，而資訊大多是以資料的形式為人所知。如此一想，探討資料倫理時，資訊倫理的爭論點可供我們參考。因此，接下來就以第2章說明的各種資料為例，參考資訊倫理的爭論點來探討資料倫理吧！

研究者理察・席佛森（Richard Severson）在著作《資訊倫理的各項原則》（暫譯，*The Principles for Information Ethics*, Routledge）中指出，資訊倫理有4大原則。這4大原則如圖6-2所示，都是大家不難理解、簡單明瞭的原則。

不過，資訊有發布訊息的發訊者立場，以及接收訊息的收訊者立場之分，這2種立場對倫理的看法應該也不盡相同。資訊倫理是假設廣義的資訊，所以或許不必那麼在意立場的區別，但探討資料倫理時這個區別十分重要。

▼圖6-2　席佛森提出的資訊倫理4大原則

資訊倫理

尊重智慧財產權	尊重隱私權	提供公正資訊	無惡意與不傷害

2 資訊倫理的4大原則與資料倫理的規範例子

因此，這裡就把資料的接收者視為消費者（使用者），把資料的發布者視為生產者（供應者），參考席佛森提出的4大原則，從這2種立場舉出規範例子具體解說資料倫理吧。

①尊重智慧財產權

從利用資料創造價值的資料科學家立場來看，資料相當於經濟學所說的一種財產（生產物）。因此實際上，就算是未支付等價報酬透過網路取得的資料，也必須遵守跟支付等價報酬取得的資料一樣的倫理。

②尊重隱私權

如同第2章的說明，特別是在處理個體資料的時候，隱私權的問題不只跟資料的生產者有關，也跟資料的消費者有關，所以要留意。

▼圖6-3 「①尊重智慧財產權」的具體規範例子

資料的消費者	• 不擅自複製、散播他人生產的資料 • 公布統計表或分析結果時，明確標示資料生產者
資料的生產者	• 針對資料提供的資訊，明確標示責任歸屬（標明生產者） • 公開製作過程，證明是原始資料

▼圖6-4 「②尊重隱私權」的具體規範例子

資料的消費者	• 以個人為對象的個體資料，要避免個人資料外洩 • 以企業為對象的個體資料，要避免營業祕密外洩
資料的生產者	• 提供個體資料時，將部分資料（變數）去識別化，使個人資料不具識別性 • 如果是總體資料一樣要留意，使用無從識別個人資料的總計方法

③提供公正資料

這項原則主要是針對資料的生產者，不過資料的消費者也要檢查獲得的資料是否公正。

④無惡意與不傷害

這項原則與「③提供公正資料」有重疊的部分，尤其是從資料生產者的立場來看。資料這種東西本來就不是有形之物，各位或許難以想像它會危害人類。

然而實際上，帶著特定意圖製作出來的資料，常會給許多人造成不良影響。舉例來說，之前就曾有製藥公司竄改、捏造資料，販售沒有藥效的新藥，結果造成社會問題。請各位試想一下，最後會發生什麼情況。這種現象，過去也在各領域發生過。

▼圖6-5　「③提供公正資料」的具體規範例子

資料的消費者	• 不使用生產者不詳、缺乏可信賴性的資料 • 明確標示使用何種方法蒐集資料
資料的生產者	• 資料必須以科學方法產出 • 資料的產生過程，原則上必須公開 • 不得竄改或捏造資料

▼圖6-6　「④無惡意與不傷害」的具體規範例子

資料的消費者	• 知道資料是由什麼樣的個人或機構生產的 • 瞭解資料提供的資訊是否攸關生產者的利弊得失
資料的生產者	• 資料必須以科學方法產出 • 資料的產生過程，原則上必須公開 • 不得刻意竄改或捏造資料 • 如果資料攸關公共利益，需要經過第三方機構審查

3　分析倫理

前面談論的是有關處理資料本身的倫理。既然本章的主題是資料倫理，要在這裡結束討論也是可以的。但是，資料科學的目的不光是產出資料，還有運用資料，若從這個角度來看，本章的討論仍有不足之處。那就是有關資料分析結果的倫理，這裡就稱之為「分析倫理」吧。

關於新知識的問題

本書從第2章到第5章，詳細介紹了資料分析的各道工程。分類相似者、求預測值……這些全是運用資料得出的新知識，就「經過加工的資料」這層意思來說，新知識可算是一種資料。不過必須注意的是，新知識的內容與其影響至少存在2個問題。

①有時缺乏正確性或可靠性

新知識畢竟是「新的」，內容時常缺乏正確性或可靠性。這是第1個問題。

②容易引起社會的興趣或關注

不過，「新的」這點也容易引起社會的

興趣或關注。這是第2個問題。

舉例來說，假設當成新知識的預測值，引發了社會迴響，給許多人帶來各種影響。即便這個預測值，最後是違反事實、不可靠的內容，也沒有人會為這個結果負起責任，這種案例不勝枚舉。

消費者（使用者）也要進行相對評價

鑑於上述事實，至少在資料科學領域，分析倫理被認為是與資料倫理同等重要的議題。

跟資料倫理一樣，若從消費者（使用者）與生產者（供應者）的立場來探討分析倫理，問題大多在於分析結果的生產者這一方，不過消費者最好也別全盤聽信生產者，要有分辨結果真偽的能力。學習資料科學的意義也在於此。

雖然分析倫理也跟資料倫理一樣，目前仍沒有一個定論以及確立的規範，最後就舉幾個可視為最基本規範的例子吧。

▼圖6-7　分析倫理的具體規範例子

分析結果消費者

- 對於以自己無法理解的手法取得的分析結果，要留意結果的可信賴性（分析結果的相對評價）
- 學習資料科學的知識，是實踐上述規範的理想手段

分析結果生產者

- 資料分析方法，必須充分考量先決條件再套用
- 不得刻意竄改或捏造資料，扭曲分析結果
- 如果分析結果攸關公共利益，需要經過第三方機構審查
- 明確標示分析結果的負責人與責任歸屬

6-2

違反倫理事件簿

「得安穩事件」與「統計不當事件」

違反資料倫理的事件，過去就發生過好幾例。
本節舉製藥大廠諾華（Novartis）的「得安穩事件」，以及厚生勞動省的「統計不當事件」為例，帶各位看看這些案例是違反了哪一條倫理規範。

1 得安穩事件

▶ **事件梗概**

外資藥廠諾華的資料造假事件

事件的開端，是有關該藥廠在2000年研發、販售的高血壓治療藥「Diovan得安穩（Valsartan纈沙坦）」效果的臨床論文。這些論文指出，「得安穩」不僅對高血壓有不錯的療效，還有預防狹心症與腦梗塞的效果，然而許多研究者對此結論不以為然，更掀起資料造假與資料分析不當的質疑聲浪。

重視此事的厚生勞動省與相關大學，針對事實關係展開調查，最後認為5所大學的研究當中有4所大學的研究，其資料與資料分析有不當之處。此外也發現，這些臨床研究是該藥廠資助5所大學進行的，而且該藥廠員工S氏還以資料分析專家的身分，參與各大學的臨床試驗。

2014年，厚生勞動省在嫌犯不明的情況下，認為此事有違反藥事法（禁止誇大不實廣告）之嫌，向東京地檢提起刑事告發，S氏則因不當干預論文寫作遭到逮捕及審判。

另外，雖然一審（2017年）及二審（2018年）皆認定S氏「捏造資料」，但基於「論文內容雖有虛偽不實之處，但這是學術論文，不屬於藥事法所說的『廣告』」之理由，最後S氏獲判無罪（2021年，此案仍在最高法院審理中）。另一方面，雖然此案的審理對象是已發表的5篇論文之一，但最後5篇論文全都遭到撤回。

這起事件就刑事案件來說，「無罪」定讞的可能性很高，因此或許有些人會覺得這個問題算不上「事件」。但是，從竄改資料這點，以及分析結果對社會造成的影響來看，藥廠、竄改資料的S氏，以及接受資助進行臨床研究的大學責任不小。問題是儘管如此，法院仍然判決無罪。

這起事件最重要的爭論點是，在越來越講究資料的重要性與資料倫理的資料化社會，現有的法律尚不足以應付現狀。

也就是說，以現行法律來看，此事只能當作牴觸「藥事法」的「禁止誇大不實廣告」案件起訴，因此才會得到「學術論文不屬於廣告，所以無罪」這種結果。瞭解上述背景後，接下來我們就從資料倫理與分析倫理的角度，驗證這起事件的問題點吧。

①資料倫理

從資料倫理的角度來看，接受諾華公司資助進行臨床研究的大學，既是資料的生產者，亦是資料的消費者。由於兩者並非獨立立場，很難以消費者的立場檢查生產者，這種情況可以說很容易形成不當行為的溫床。接著再從資料倫理的角度評論「得安穩事件」，首先能夠指出的問題就是，此事件違反了「提供公正資料」之倫理。

另外，這起事件可以說也違反了「無惡意與不傷害」之倫理。諾華公司的「得安穩」確實在事件發生之前就已是獲得許可、在市面上販售的高血壓治療藥，而且在這段

過程中並未發生副作用之類重大的實際損害。

但是，如果因為沒有實際損害，就允許這種竄改資料的行為發生，那麼社會對資料的信賴就會明顯下滑，今後也有可能發生同樣的事件（撰寫本書時，就發生某大學醫學研究者竄改資料，導致研究中止的事件）。

此外，對於相信竄改過資料的分析結果，以該藥廠的得安穩作為處方的醫師，與持續服用此藥物的病患而言，由於妨礙他們選擇得安穩以外的藥物，這也會造成不必要的負擔。因此，就算沒有實際損害，這起事件仍可視為違反了「不傷害」之倫理。

②分析倫理

大學的臨床研究是得安穩事件的起因，

所以比竄改資料更大的問題就是，實際使用遭竄改的資料進行分析後，此分析結果的責任歸屬，換言之就是分析倫理。不同於前述的資料倫理，事件的當事者是「分析結果的生產者」，實際開藥的醫師與服用得安穩的病患則是「分析結果的消費者」，因此某種程度上可期待消費者審視生產者。

事實上，這起事件的開端，就是許多研究者與醫療相關人士質疑諾華公司宣傳的藥效：得安穩對高血壓有不錯的療效，還有預防狹心症與腦梗塞的效果。

因此，若從分析結果的生產者角度評論這起事件，此事可以說違反了上一節圖6-7（→P.149）具體例子中的「不得刻意竄改或捏造資料，扭曲分析結果」、「如果分析結果攸關公共利益，需要經過第三方機構審查」之倫理。另外，接受資助進行臨床研究的大學，並不屬於這裡說的第三方機構。

至於竄改了資料的資料分析負責人S氏，由於臨床研究發表的論文並未明確表示他是諾華公司的員工，從這點來看可以說也違反了「明確標示分析結果的負責人與責任歸屬」之倫理吧。

2 統計不當事件

▶ **事件梗概**

厚生勞動省的統計不當事件

事件的開端，是該省製作、公布的「每月勤勞統計調查」使用了不適當的調查方法。

根據法律（統計法）規定，該調查是被列為「基本統計」的統計調查，調查方法及公布資料必須經過總務大臣審查與同意，是重要的官方統計。因此，未經總務大臣許可就變更調查方法是違反法令的行為，但厚生勞動省疏於向總務大臣呈報，將原本採全數調查的東京都大企業調查，自2004年起改成抽出其中一部分的抽樣調查。除此之外也未因應此改變進行必要的統計處理，結果造成平均薪資金額偏低等影響，而根據該調查的平均薪資金額計算的僱用保險與勞災保險等給付額就被低估了。

這起統計不當事件，是因為中央政府裡掌理統計行政的統計委員會，於2018年對平均薪資的成長率提出疑問，厚生勞動省坦承調查不適當才曝光。面對這起事件，厚生勞動省設置了「有關每月勤勞統計調查的特別監察委員會」，並提出報告書說明事件調查結果，以及要如何恢復民眾對統計的信賴等措施。另外，為了填補本來該支付的給付額，政府不得不破例召開內閣會議，重新編制已在年底訂定的2019年度預算案。

於2018年曝光的這起事件，由於對許多人造成實際損害，當時引起社會廣大的迴響。不過必須注意的是，造成問題的資料，是根據統計法這項法律製作的，與得安穩事件那種由民間企業或研究機構製作的資料有根本上的差異。

根據統計法製作的資料，行政用語稱為官方統計（official statistics）。最具代表性的就是每5年實施1次的人口普查。除此之外，每年還會調查與製作各式各樣的官方統計，這些資料當中，不只有「關於國家或社會的資訊」（統計資料原本的意義），還有當作各種政策依據使用的「法定數字」。

以這起事件的對象「每月勤勞統計調查」為例，如同「事件梗概」的說明，法律規定平均薪資資料，是僱用保險（僱用保險法第18條）與勞災保險（勞動者災害補償保險法第8條）的給付金計算基礎。因此，此事件才會對許多人造成實際損害。

那麼，這裡就以官方統計的社會責任為前提，從資料倫理與分析倫理的角度來驗證這起事件的問題點吧。另外，無論從哪個角度來看，厚生勞動省都是「每月勤勞統計調查」的實施者，以及資料的製作者，故這裡會從生產者的立場來討論這起事件違反了何種倫理。

①資料倫理

從資料倫理的角度來看，此事件的第一個問題是，違反了提供公正資料之倫理。不過，不同於得安穩事件，本來「統計法」應該是保證資料生產者會提供公正資料的法律依據，事實上，這項法律也是以此為目的設計制度的。

因此，這起事件違反提供公正資料之倫理，即代表厚生勞動省並未遵守統計法。就這點來看，這起事件是個比違反資料倫理還要嚴重的問題。

不消說，厚生勞動省是一個行政機關。這類行政機關，通常是依照各種行政法運作，我們一般人都得遵守法律了，行政機關應該要比民眾更加嚴格遵守行政法才對。

也就是說，這起事件有個比資料倫理更重要的問題：身為行政機關的厚生勞動省，並未遵守統計法這項行政法。

從資料倫理的角度來說，這起事件似乎也有違反「無惡意與不傷害」的問題，但這部分存有一點模糊地帶。因為若是撇開「統計法」上的法律問題不談，就算向調查對象「東京都的大企業」實施的不是全數調查，而是抽樣調查，只要調查對象是隨機抽出，就沒有統計學上的問題，很難稱其違反了「無惡意與不傷害」之倫理。

可是，平均薪資金額被低估，許多人受到實際損害確實是不爭的事實。因此，問題反而可以說是出在平均薪資金額的計算過程上，由於這與「平均值」的統計處理有關，接下來的「②分析倫理」就帶各位詳細檢視這個部分。

②分析倫理

針對統計不當事件設置的「特別監察委員會」，在其公布的《追加報告書》中指出，「如果採用抽樣調查，由於資料為推算，必須根據抽出率進行適當的復原處理」，但實際上厚生勞動省並未進行復原處理，所以才會發生「金額偏低」的狀況。

■ 復原處理的問題

那麼，這裡先簡單說明，什麼是復原處理，以及為什麼不做處理就會發生這種狀況。

每月勤勞統計調查原本規定，對中小企業採用抽出部分對象的抽樣調查，對大企業則採用全數調查。另外，僱用保險與勞災保險的給付額，是用調查所得的平均薪資金額計算，但要注意的是，一般的平均薪資金額是大企業高於中小企業。

接著以上述幾點為前提，評論《追加報告書》中的指摘吧。

首先，報告書所說的復原處理，是指在求平均薪資時，正確復原權重大小。

▼圖6-8　計算平均薪資金額的問題點

6-8-1　如果使用規定的方法進行每月勤勞統計調查

母體	中小企業	大企業
企業數	200家	100家
抽出率	50%	100%
調查對象企業數	100家	100家

式6-8-1　進行適當的復原處理後計算平均薪資金額W

$$W = \frac{30 \times 200 + 35 \times 100}{300}$$

$$= 31.66 \cdots$$

6-8-2　實際進行每月勤勞統計調查時所採用的方法

母體	中小企業	大企業
企業數	200家	100家
抽出率	50%	50%
調查對象企業數	100家	50家

式6-8-2　進行適當的復原處理後計算平均薪資金額W

$$W = \frac{30 \times 200 + 35 \times 100}{300}$$

$$= 31.66 \cdots$$

式6-8-3　未進行適當的復原處理直接計算平均薪資金額W

$$W = \frac{30 \times 200 + 35 \times 50}{250}$$

$$= 31$$

因為大企業的數量
以50家計算，
導致整體的
平均薪資變低。

■ **舉個單純的例子……**

為了讓說明更簡單易懂，這裡以圖6-8那樣的單純情況為例。如圖所示，作為母體的中小企業有200家，大企業有100家，至於「調查對象企業」的平均薪資金額，中小企業是30萬日圓，大企業是35萬日圓。另外，假設各自的平均值與母體的平均值一致，樣本抽出率為50%。

在統計不當事件中造成問題的復原處理，則如式6-8-1與式6-8-2所示，是根據母體的企業數乘上權重，再算出平均值。

以式6-8-1為例，中小企業的平均值是30萬日圓，整個母體有200家企業，因此是30萬日圓×200家，至於大企業的平均值是35萬日圓，整個母體有100家企業，因此是35萬日圓×100家，故當母體為300家大企業與中小企業時，平均值約為31.7萬日圓。

但是，這起事件是採用式6-8-3的計算方式，所以才會發生問題。在此算式中，大企業的權重使用「調查對象企業數」50家，而不是母體100家，也就是未將權重復原成母體的大企業數量，直接以35萬日圓×50家來計算，因此大企業的薪資金額就變得相對的小，最後導致平均薪資金額被低估。

若根據上述幾點，簡單歸納統計不當事件，結論就是：因為厚生勞動省以圖6-8-2的調查方法取得資料，再以式6-8-2的計算方式求平均薪資金額，結果低估了僱用保險與勞災保險的給付額，給許多人的經濟造成影響。

尤其，未做復原處理直接求平均薪資金額一事更是重要的爭論點，因此這起事件也需要從生產者的分析倫理角度來討論。此事件首先該點出的問題就是，違反了「資料分析方法，必須充分考量先決條件再套用」之倫理。

以算術平均數的性質來看，若不進行復原處理就直接求平均薪資金額的話，大企業的影響就會被低估，厚生勞動省應該慎重考量、應對這點。

另一方面，由於厚生勞動省是公家行政機關，而且還有統計法上的限制，因此難以認為該省是「刻意竄改或捏造資料」，但「扭曲分析結果」是事實，所以在這點上仍視為違反倫理。不過，在「如果分析結果攸關公共利益，需要經過第三方機構審查」這點上，考量到這起事件是因為統計委員會提出質疑才曝光，應該可以說第三方機構有發揮一定程度的審查機能。

第7章

資料科學與AI

——大數據帶來的資料革命——

以大數據為前提的資料科學，
與機器學習及AI有著深遠的關係。
這是因為資料科學的主要研究目的，
是運用了大數據的AI數學模型。

7-1

機器學習的基礎

一面更新資料，一面改良數學模型

**資料科學研究大多以大數據為前提。
機器學習與深度學習的概念能應用在大數據分析上，
因此資料科學領域也在進行以這些概念為基礎的研究。**

1　機器學習、深度學習與AI

本書所介紹的資料科學是廣義的「資料的科學」，不過目前坊間的資料科學相關書籍，大多是以大數據為前提。這是因為，資料科學的主要研究目的，是運用了大數據的AI（人工智慧：Artificial Intelligence）數學模型。

說到AI，感覺上這是最近突然受到社會關注的尖端技術之一，但其研究的歷史意外久遠，可以追溯到1950年左右。這段期間掀起過幾次AI熱潮，至於近期的AI熱潮，則不能不提必須運用到大數據的深度學習（deep learning）之發展。

機器怎麼「學習」？

如圖7-1所示，深度學習可視為機器學習的進化版。這裡要注意的是，學習的意思。

說到機器學習，一般人的印象是機器，也就是電腦在學習，但實際上並不是電腦本

▼圖7-1　從機器學習到深度學習、AI的發展流程

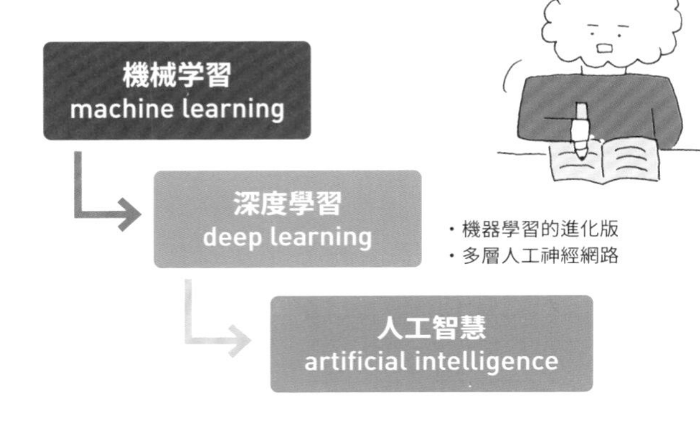

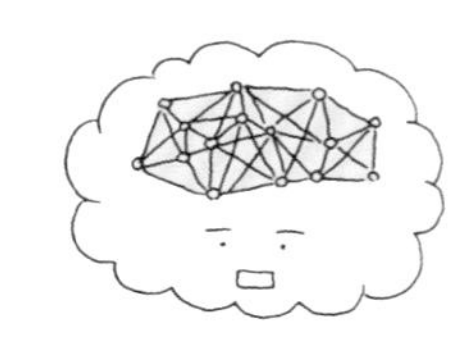

身主動學習。

其實，這裡的學習是指使用電腦，一面更新資料，一面改良數學模型的行為。

深度學習是從機器學習所假設的數學模型，特別是人工神經網路這個數學模型發展出來的技術。廣義來說，這可算是一種機器學習吧。因此，以下先簡單說明機器學習的基本概念。

機器學習

如圖7-2所示，機器學習是由4個過程構成。

▼圖7-2 機器學習的4個過程

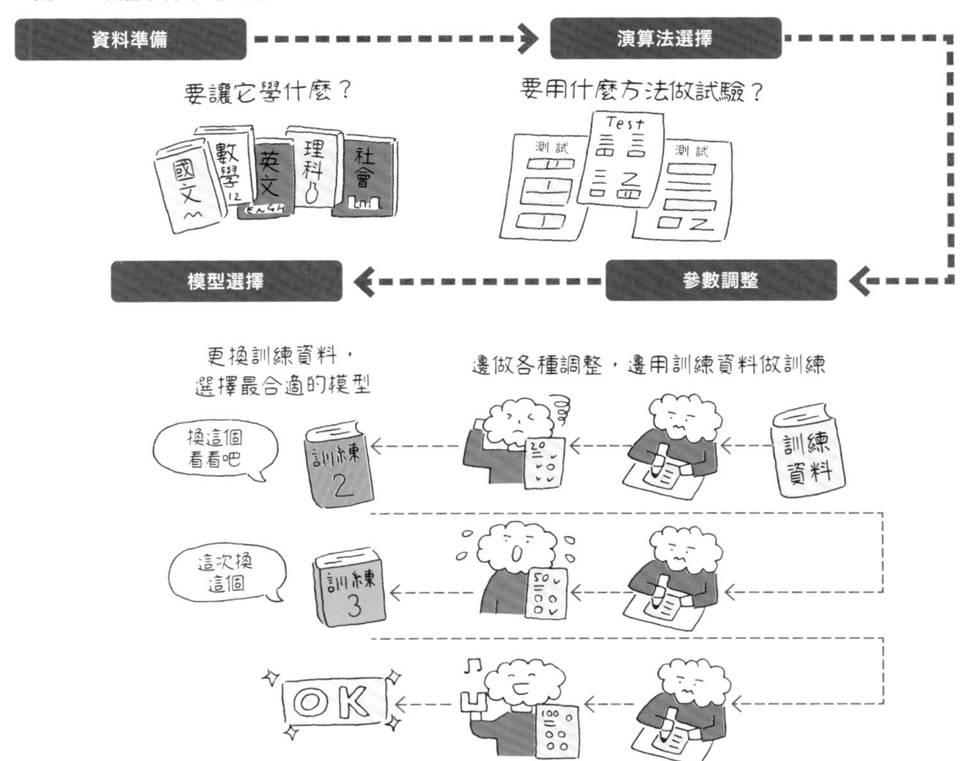

■ 資料準備

如同字面上的意思，資料準備（data preparation）就是準備需要的資料。這裡的資料並非特指大數據，但若是大數據的話，就能將學習的真正價值發揮得更淋漓盡致吧。

■ 演算法選擇

接著是演算法選擇。這裡說的演算法，是指資料分析方法。這個過程是依照分析的目的，選擇需要的資料分析方法。

■ 參數調整

選好演算法後，還要調整此演算法具體化而成的數學模型參數，這個過程就稱為參數調整。

拿第5章介紹的迴歸分析來比喻的話，迴歸分析相當於演算法，迴歸模型相當於為了分析目的使用此演算法假設的數學模型，至於利用實際的資料將此數學模型具體化的迴歸係數則相當於參數。

■ 模型選擇

最後是模型選擇，這個過程是比較調整完成的幾個數學模型，然後從中選擇最好的模型。因此，評估模型的好壞也包含在此過程當中。

如圖7-3所示，機器學習的目的就是反覆進行這些過程（學習），並且不斷改良數學模型（成長進步），以進行準確度更高的預測（產出更好的成果）。

▼圖7-3　學習的過程

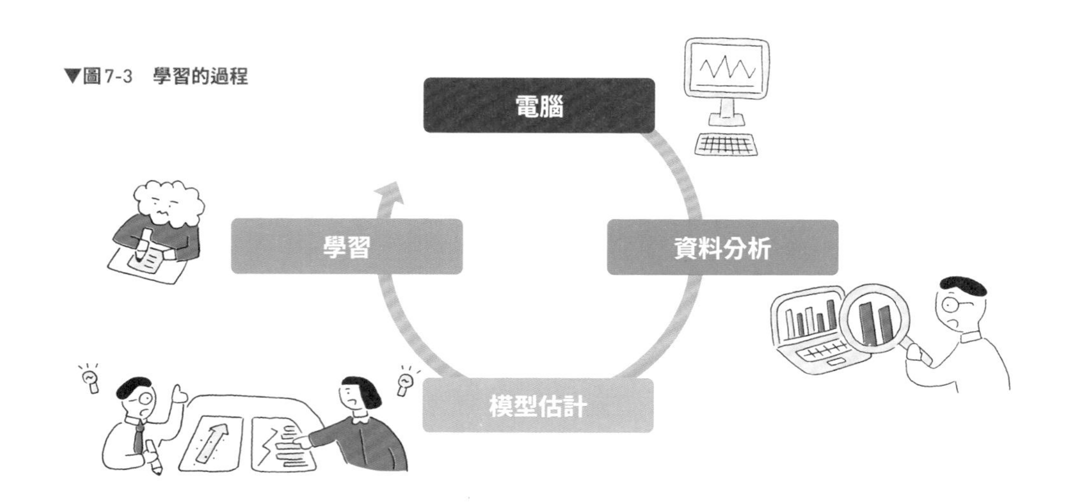

2　資料準備

接下來，我們更具體地來看機器學習的4個過程吧。首先是資料準備。

前面提到，大數據很適合用於機器學習，這是因為資料能夠時時更新，學習也能夠時時進行。雖然大數據的特徵已在第2章介紹過了，這裡再複習一次，特徵如圖7-4所示。

另外有些時候，還需要加工蒐集到的資料，建立新的變數。這類加工，在機器學習上稱為特徵工程（feature engineering）。

■ 特徵工程

機器學習所使用的資料，當然不只大數據而已。

因此，在資料準備過程中重要的是，將蒐集到的資料整形成容易分析的樣子。

▼圖7-4　大數據的特徵

大數據的條件

- 一般的資料管理軟體或資料處理軟體難以處理的、龐大且複雜的資料集
- 透過IT系統即時蒐集多元資料的資料集

3　演算法選擇

整理在資料準備過程蒐集到的資料，製作成適當的資料集後，接著就要按照分析目的選擇演算法。機器學習的分析目的，分為「分類」與「預測」這2大類。

監督式學習與非監督式學習

另外，這些演算法又各有非監督式學習（unsupervised learning）與監督式學習（supervised learning）之分。

■ **非監督式學習**

非監督式學習是指，事前沒有該參考的建議與例外，或者沒有該求的正確解答時的學習，分類、掌握資料模式的演算法就屬於這個類型。具體來說就如圖7-5所示，集群分析與主成分分析都是屬於非監督式學習的演算法。

■ **監督式學習**

至於監督式學習是指，事前有該參考的建議與例外，或者有該求的正確解答時的學

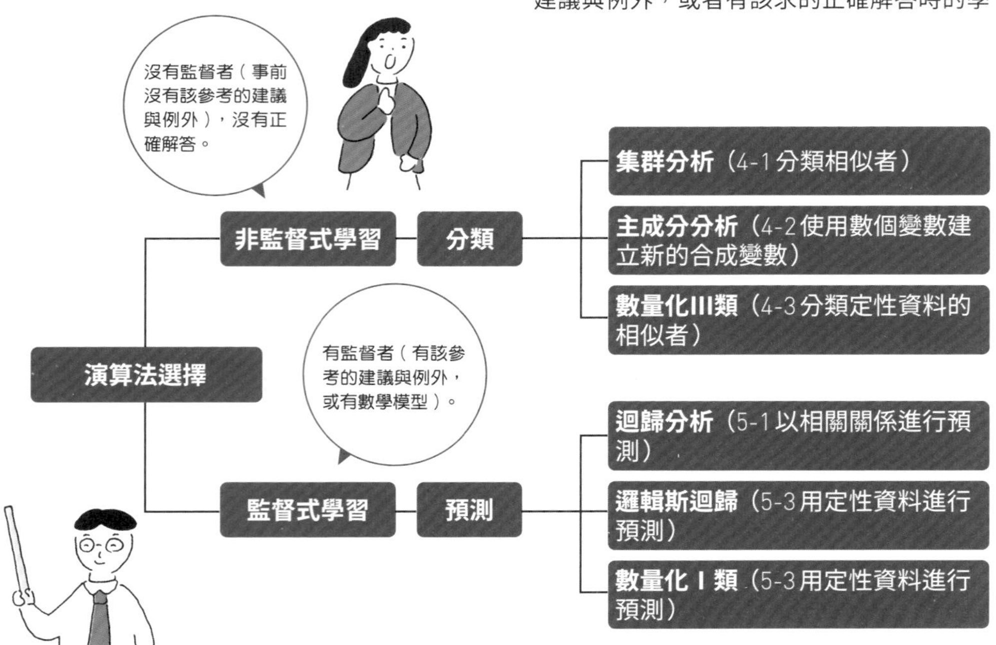

▲圖7-5　2種學習方法與本書介紹的演算法

習，根據數學模型進行預測的演算法就屬於這個類型。

無論結果準不準，預測都有助於改良數學模型（學習），因此這相當於「該參考的建議與例外」。具體來說，迴歸分析與邏輯斯迴歸都是屬於監督式學習的演算法。

■ **訓練資料與測試資料**

話說回來，採取監督式學習時要注意，若想提升學習的成果，亦即提升預測的準確度，需要2種不同的資料。

其中一種是訓練資料，這是「當作教材使用的資料」，用來估計、改善數學模型。

另一種是測試資料，這是「評鑑學習成果用的資料」，是用來評估、檢驗數學模型的未知資料。簡單來說，前者就像是上課時老師當作案例或教材使用的資料，後者則是實際進行期中考與期末考時使用的資料。

4 參數調整

如圖7-6所示，參數是將數學模型具體化的要素。如同前述，拿迴歸模型來比喻的話，參數就相當於迴歸係數。因此，這裡就以第5章介紹的多元迴歸模型為例來說明。

迴歸分析的目的，在於使用解釋變數預測被解釋變數。例如下一頁圖7-7的多元迴歸模型，被解釋變數為Y，解釋變數為$X1$與$X2$。因為要進行預測，機器學習也稱解釋變數為預測因子。

在多元迴歸模型裡，迴歸截距a與迴歸係數$b1$、$b2$是參數，這些參數代表了對Y預測值的影響程度，只要能從資料取得估計值

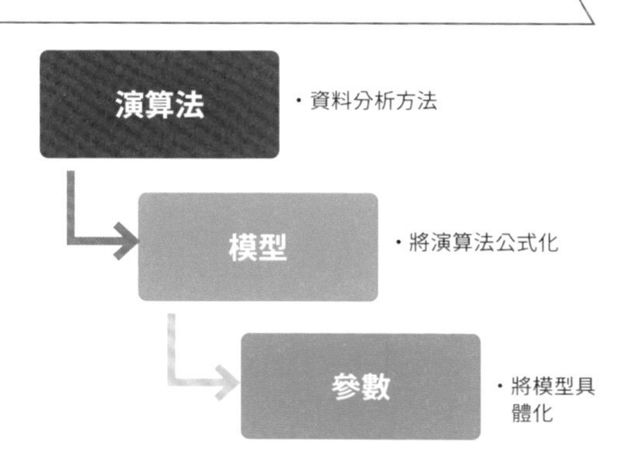

▲圖7-6 演算法、模型與參數

（常數），就可利用模型進行具體的預測。

機器學習必須使用訓練資料與測試資料，一邊檢驗估計的參數與預測值的準確度，一邊反覆調整參數。藉由這種方式，求出可實現最適當預測的模型，這個過程就稱為參數調整。

適當的學習與不適當的學習

參數調整會影響模型的預測準確度，因此當然不可缺少「適當的學習」。這裡說的「適當的學習」，是指「避免不適當的學習」，在機器學習上，圖7-8的2個項目就屬於「不適當的學習」。

■ 過度學習

首先是過度學習（overtraining），又稱為過度擬合（overfitting），指模型過度適合資料。例如，模型非常適合訓練資料，但不適合測試資料的情況。

▼圖7-7　由2個解釋變數構成的多元迴歸模型

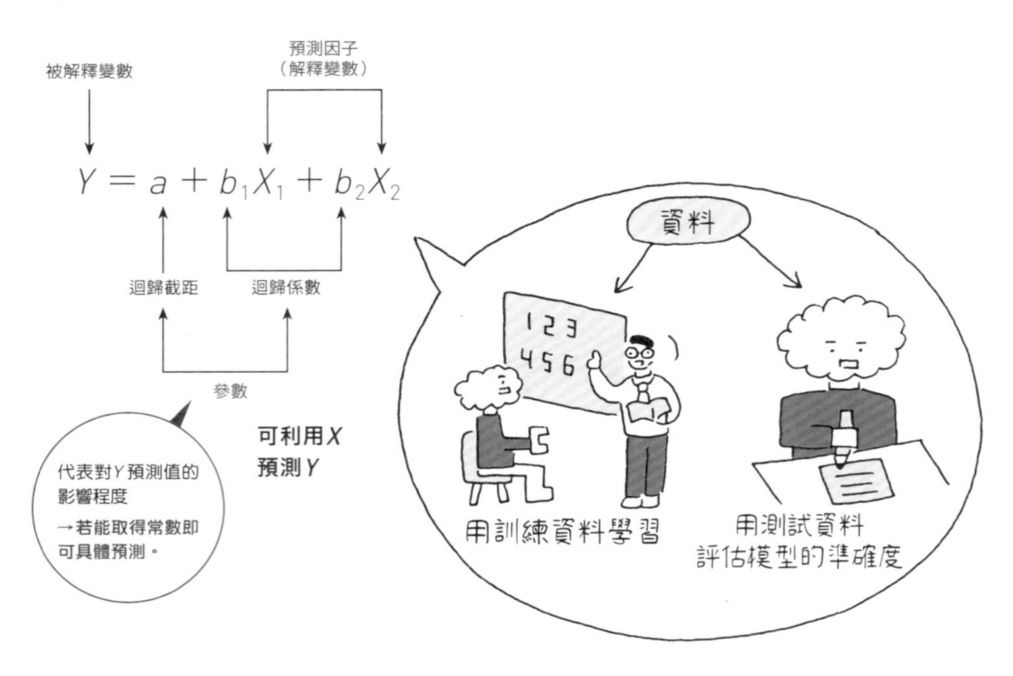

■ 學習不足

至於學習不足（undertraining），又稱為擬合不足（underfitting），指模型不適合資料。也就是模型不適合訓練資料與測試資料的情況。

▼圖 7-8　不適當的學習

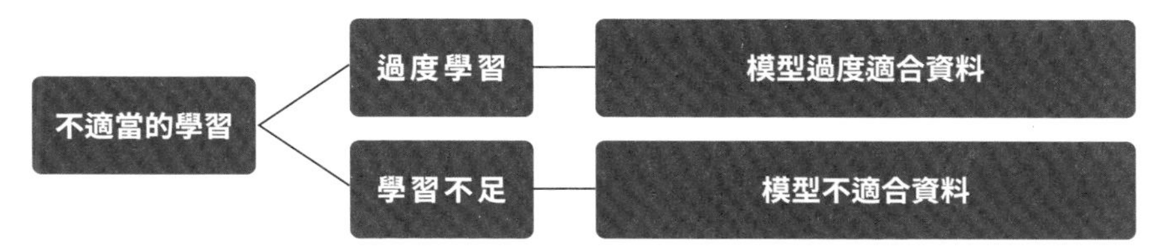

5　選擇模型

再強調一次，像迴歸分析這種監督式學習的演算法，必須仔細評估預測的準確度，也就是「學習效果」才行。如此一來，就能夠選擇最合適的模型。

要評鑑「學習效果」，評鑑標準與評鑑方法當然必須具體明確。例如這裡所舉的迴歸分析，有幾個具代表性的評鑑指標（均方根誤差〔RMSE〕等），但這些指標並不能完全代表模型的好壞。

以過度學習的模型來說，有可能發生訓練資料呈現好結果，測試資料卻未呈現好結果的情況。要避免這種情形，必須利用驗證（validation）評鑑模型的好壞。

驗證是檢驗模型的學習效果（即參數的更新）的方法。具體來說，就是不準備用來檢驗模型的新測試資料，而是將目前使用的資料集，隨機分割成訓練資料與測試資料，然後用訓練資料建立模型與調整參數，測試資料則用來評鑑模型的準確度。

7-2

人工神經網路與AI

人工神經元與資料傳遞

由於過去至少興起2次AI熱潮，
現在的AI熱潮又稱為「第三次AI熱潮」，但跟之前不同的是，
第三次的背景因素在於大數據的發展與普及。

1 AI與資料科學的關係

如同第2章的說明，大數據可說是現代資訊及通訊科技（ICT）的產物。由於它徹底改變了資料的樣貌，也有人認為大數據的登場帶來了資料革命。

資料科學與AI的熱潮，均受到資料革命的影響。這是因為資料科學與AI，透過大數據的運用建立了深遠的關係。

如同前述，資料科學研究大多以大數據

為前提。原因在於，資料科學研究的主要目的，是運用了大數據的AI數學模型。在這層意義上，AI與資料科學是一體兩面的關係，這麼說一點也不為過。那麼，AI的數學模型究竟是指什麼呢？

那就是以深度學習為基礎的人工神經網路。這項研究，是有關現代AI的數學模型研究之核心。因此，最後就簡單說明人工神經網路的基本機制，作為本書的結尾吧。

2 何謂人工神經網路？

人工神經網路（artificial neural network）又簡稱為神經網路，是指模擬人腦的數學模型。

人類的頭腦裡存在著由神經元（neuron）構成的神經網路，可透過知覺與運動累積經驗（資料），然後進行各種推理或預測。另外，還會從推理或預測的結果中學習，使大腦成長到能進行準確度更高的推理或預測。人工神經網路就是模擬這種大腦機能（智能）建構而成的數學模型。

如下一頁圖7-9所示，神經元是腦內神經網路的核心，透過傳遞資訊的細胞，連結接收資訊的樹突，與發送資訊的軸突末端這2種突起。這種資訊傳遞構造稱為突觸，將之置換成數學模型就成了人工神經元，是基於深度學習的AI技術基礎。

舉例來說，自動影像辨識就是以這種數學模型進行推理的代表例子。影像辨識的基礎為物體辨識、人臉辨識、文字辨識這3種類型，相信大家都知道，瞬間識別這3種對象的技術，在產業、醫療、防犯等領域皆有很大的成果。

自動影像辨識在速度與正確度上，大多比人類的判斷還要優秀。之所以能夠做到這種事，原因如圖7-10（→P.171）所示，至少可舉出3個因素。

首先是，資料儲存與分享技術的進步。要訓練人工神經網路的模型，改良其性能，需要規模龐大的資料。因此，資料儲存與分享技術的進步，對人工神經網路的應用而言是不可或缺的因素之一。

接著是，電腦運算能力的提升。如同前述，人工神經網路必須使用大規模資料進行學習，所以需要迅速執行複雜且龐大的計算。不消說，出色的電腦運算能力當然是必

▼圖 7-9　神經元與人工神經元

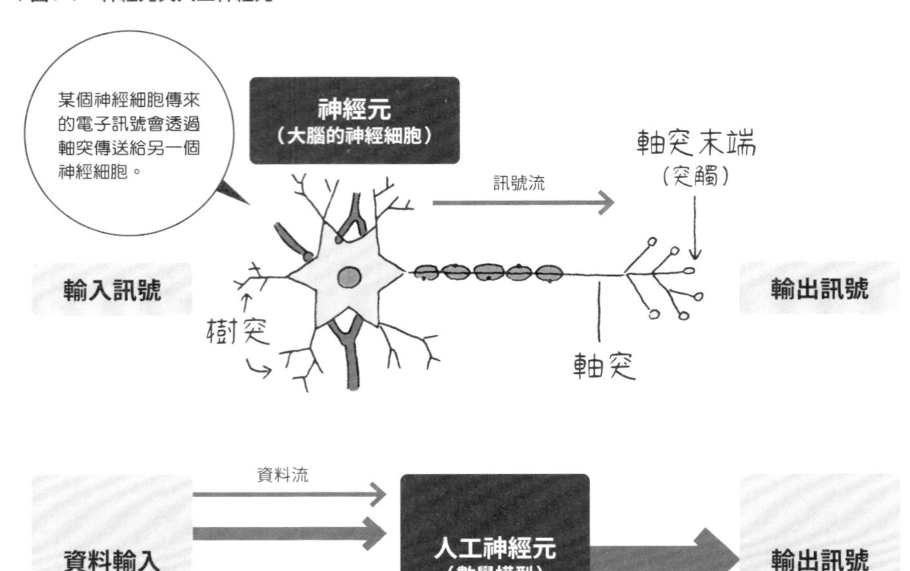

※ 線的粗細代表資料的權重

不可缺的。

　　最後是，演算法的發展。要以機器對應人腦的機能，現階段還很困難，不過目前已開發出各種改良過的演算法。

▼圖7-10　人工神經網路發展的3個因素

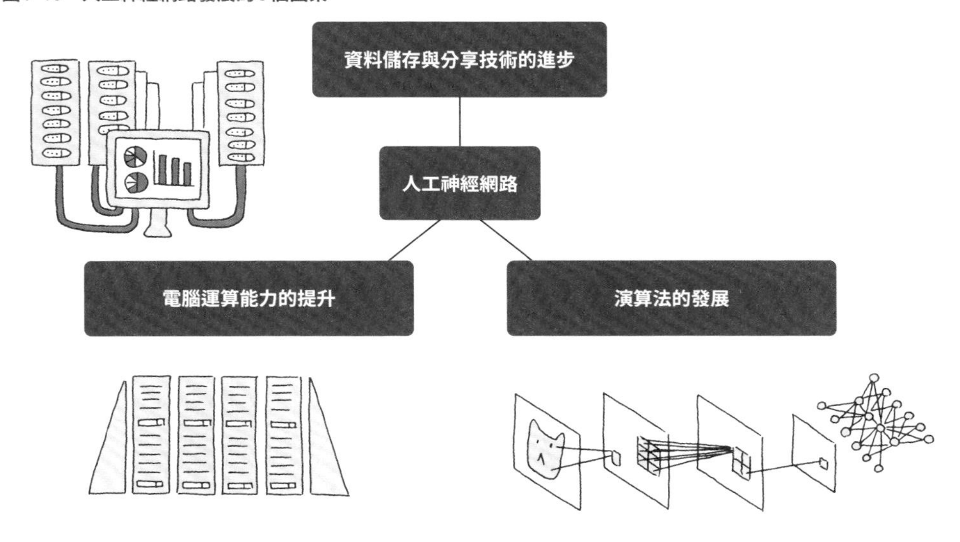

3　人工神經網路的構成要素

模仿人腦的人工神經網路畢竟不是真正的人腦，故需要人工的資料資訊傳遞裝置。此裝置的基本要素有3個，分別是層、連結與方向。

層

在人工神經網路裡，圖7-9的人工神經元相當於數學模型，將這些模型連結起來的是網路。各種資料在這些神經元之間傳遞，用最簡單的例子來說，就像P.172圖7-11裡，1個資料輸入對應1個輸出（預測結果）。

層是資料傳遞的基本要素之一，為神經元的集合。如圖7-11所示，具有多層結構的人工神經網路，區分成「輸入」的輸入層、「第一層」與「第二層」的中間層（隱藏層），以及「輸出」的輸出層。

連結與方向

連結是指將這些層連接起來，然後如圖7-11的箭頭所示，依照資料的傳遞迴路方向傳遞資料。

要留意的是，黃色的A、C、E代表被激

勵的神經元。反之，藍色的B、D代表未被激勵的神經元。

激勵是指，輸入資料的神經元，累積接收到的訊號資訊，然後根據特定的「激勵函數」來判斷，一旦超過某個標準值，就會將資訊傳遞給相關的神經元。以圖7-11來說，黃色箭頭代表資訊透過被激勵的神經元傳遞，藍色箭頭則代表未被激勵，資訊未傳遞出去。

總而言之，要運用人工神經網路進行預測或推理，必須循著網路的路徑，依序激勵神經元（層）才行。

■ 激勵函數

神經元是否會被激勵，取決於激勵的規則，激勵函數就是此規則公式化而成。

圖7-12是激勵函數對某個人工神經元的作用。在這張圖中，數個神經元（輸入層）接收各種資訊（資料），給這些資料乘上一定的權重並結合後，再根據已公式化的函數（模型）計算，最後變成1個新的資料輸出（激勵）。

因此，要導出優秀的預測結果，需要最合適的激勵函數，這點無庸贅言。而重點就是，要透過學習訓練人工神經網路的數學模型，得知正確的激勵函數權重與標準值。

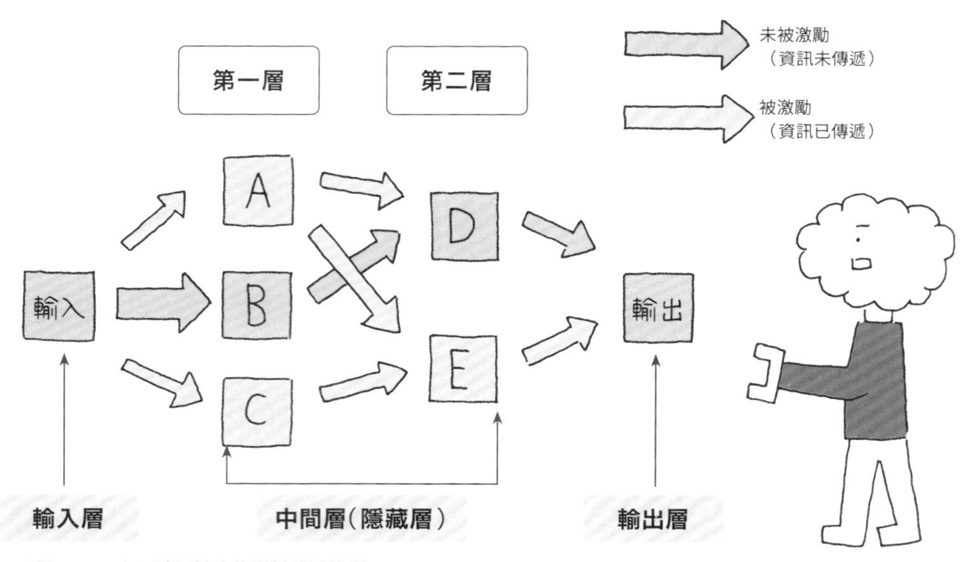

▲圖7-11　人工神經網路的資料傳遞範例

黑盒子化

以上是人工神經網路的基本機制，最後再談一下該注意的問題點。

人工神經網路為多層結構，各層皆含有許多依據不同激勵函數的神經元。但這也意謂著，要確切找出能帶來正確預測結果的神經元組合是很困難的。不同於迴歸分析那種預測手法，這個手法並不能夠明確指定重要的預測因子來進行比較。

換言之，人工神經網路的推理或預測過程黑盒子化，有時無法說明清楚為何會得到這樣的預測結果，這點要注意喔！

▼圖7-12 激勵函數的作用

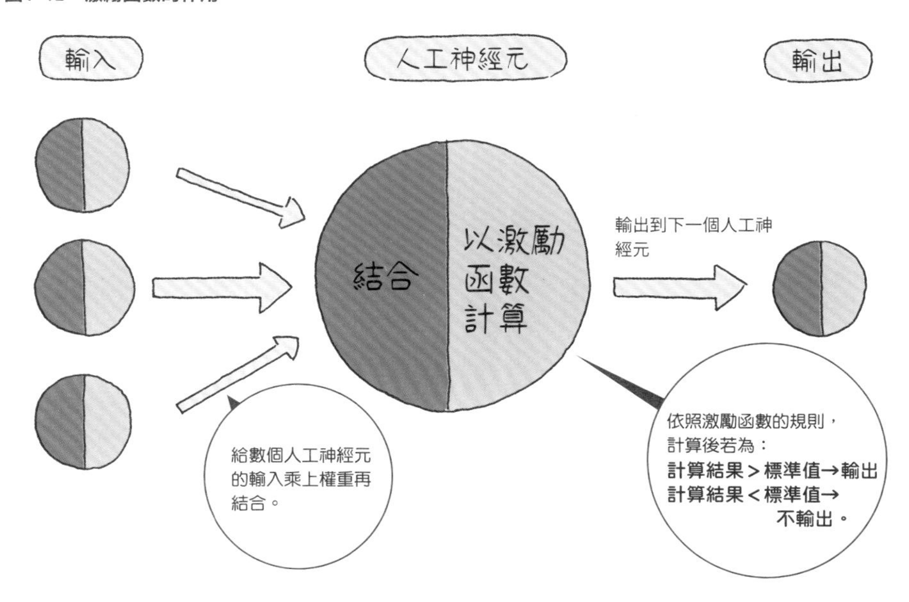

體驗資料科學

用Excel學資料分析

對資料科學而言，實際蒐集資料並試著分析看看的經驗也很重要。因此，本附錄將說明使用Excel分析資料的步驟，讓讀者可以簡單體驗資料科學研究。這裡要講解的是，第2章到第5章介紹的資料分析，不過並不是所有分析都能直接用Excel計算，因此附錄會針對幾個可用Excel執行的資料分析例子，依照工程順序說明計算步驟。至於使用的資料，可從P.189的網址下載。另外，有資料但無法收進本附錄裡的計算範例則製作成PDF檔案，請跟其他資料一併運用。

1　資料分析的第一工程（第2章）

資料分析的第一工程，是瞭解各種資料類型，蒐集這些資料，然後整形資料集，使資料分析得以適當執行。我們就來看看這道工程的例子之一，透過網路蒐集資料的情況吧。這裡舉出的具體範例，是政府製作、公布的官方統計（人口普查）。以下就為大家解說，如何透過圖2-14（→P.45）的總務省統計局入口網站「e-Stat」，取得圖2-15-2的「靜岡縣年齡組距別就業人數」資料。

2　資料分析的第二工程（第3章）

資料分析的第二工程，是掌握各變數蒐集到的資料特徵，並進一步找出變數之間的關係。這裡就來看看，使用圖3-1（→P.57）個體資料製作圖3-2次數分配表的［範例1］、使用圖3-13（→P.64）總體資料求平均數與變異數等數值的［範例2］，以及同樣使用圖3-13總體資料求各商品銷售額之間的相關係數的［範例3］。

［範例1］製作次數分配表

圖3-1（→P.57）的個體資料，是A先生任職的超市某日各顧客的購物金額。我們要使用這份資料，製作圖3-2的次數分配表與圖3-5（→P.60）的直方圖。另外，以Excel製作次數分配表有幾種方法可以使用，這裡介紹的是使用統計函數［COUNTIFS］的方法。

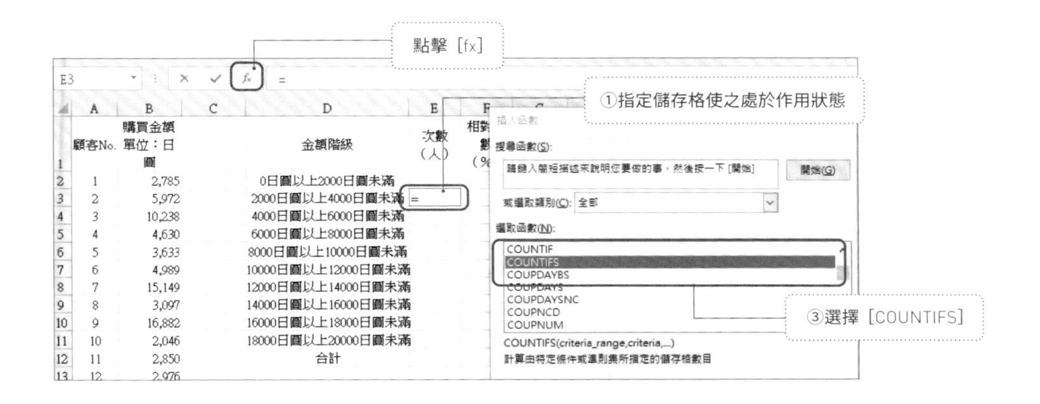

步驟1：選擇函數

首先，指定想輸出的「次數」儲存格使之處於作用狀態（下圖是指定對應組距「2000日圓以上未滿4000日圓」的「次數」）。接著，點擊Excel［資料編輯列（公式欄位）］左邊的按鈕［fx］，就會開啟［插入函數］對話方塊，從中選擇統計函數［COUNTIFS］。

另外，［COUNTIFS］是求符合條件的資料點數目的函數，用於有數個條件的情況。此範例有2個條件，分別是2000日圓以上與未滿4000日圓。至於下圖的第一個組距「0日圓以上未滿2000日圓」，可視為只有「未滿2000日圓」這一個條件，這種時候使用［COUNTIT］即可。兩者的用法基本上都一樣，因此接下來直接來看「2000日圓以上未滿4000日圓」的情況。

步驟2：指定［COUNTIFS］的資料與引數

開啟［COUNTIFS］對話方塊後，在［criteria_range1］指定所有資料範圍（不含「標籤」）。另外，考量到作業時間效率，可先指定絕對參照（按下鍵盤的F4）。

接著在［criteria1］，以半形輸入代表「2000日圓以上」的公式「>=2000」。之後，同樣在［criteria_range2］指定跟［criteria_range1］一樣的資料範圍（絕對參照），在［criteria2］輸入代表「未滿4000日圓」的公式「<4000」。

輸出對應組距「2000日圓以上未滿4000日圓」的次數後，［複製］這個儲存格，貼到「4000日圓以上未滿6000日圓」之後的儲存格。直接貼上的話只會顯示跟「2000日圓以上未滿4000日圓」一樣的次數，不過只要如右圖那樣將［資料編輯列］條件式的數值，修正成對應各組距的數值，就會輸出正確的「次數」。

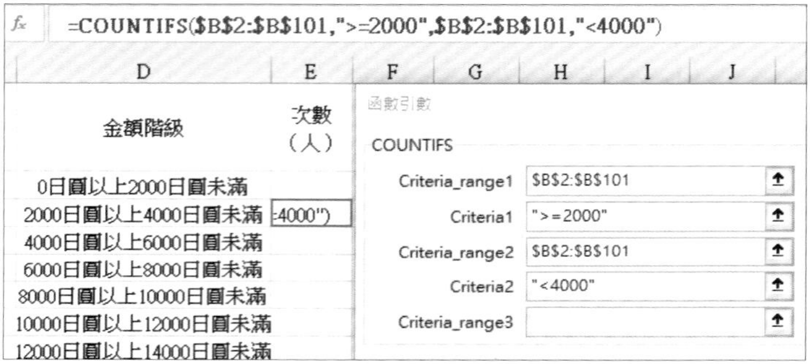

=COUNTIFS($B$2:$B$101,">=2000",$B$2:$B$101,"<4000")

D	E
金額階級	次數（人）
0日圓以上2000日圓未滿	
2000日圓以上4000日圓未滿	:4000")
4000日圓以上6000日圓未滿	
6000日圓以上8000日圓未滿	
8000日圓以上10000日圓未滿	
10000日圓以上12000日圓未滿	
12000日圓以上14000日圓未滿	

函數引數

COUNTIFS

Criteria_range1	$B$2:$B$101
Criteria1	">=2000"
Criteria_range2	$B$2:$B$101
Criteria2	"<4000"
Criteria_range3	

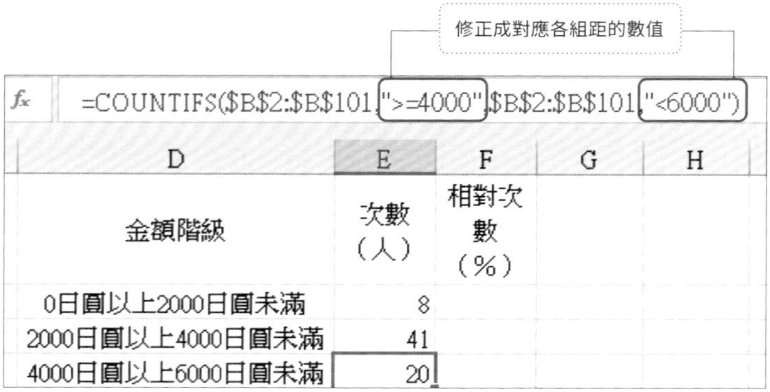

修正成對應各組距的數值

=COUNTIFS($B$2:$B$101,">=4000",$B$2:$B$101,"<6000")

D	E	F	G	H
金額階級	次數（人）	相對次數（%）		
0日圓以上2000日圓未滿	8			
2000日圓以上4000日圓未滿	41			
4000日圓以上6000日圓未滿	20			

[範例2] 求算術平均數、中位數、變異數、標準差、變異係數

圖3-13（→P.64）是A先生針對某一週，總計超市販售的商品A～D單日銷售額（萬日圓）的資料。這裡就來使用Excel的統計函數，根據這份資料求出各商品的算術平均數、中位數、變異數、標準差與變異係數吧！

步驟1：計算算術平均數

計算算術平均數使用的是統計函數

［AVERAGE］。如下圖左所示，首先指定輸出算術平均數的作用儲存格。接著，點擊［fx］開啟［插入函數］對話方塊，選擇［AVERAGE］。開啟算術平均數的對話方塊後，在［函數引數］指定對象資料的範圍（下圖右是指定商品A的資料），按下［確定］輸出計算結果。此時可運用［複製］→［貼上］，求商品B～商品D的算術平均數。

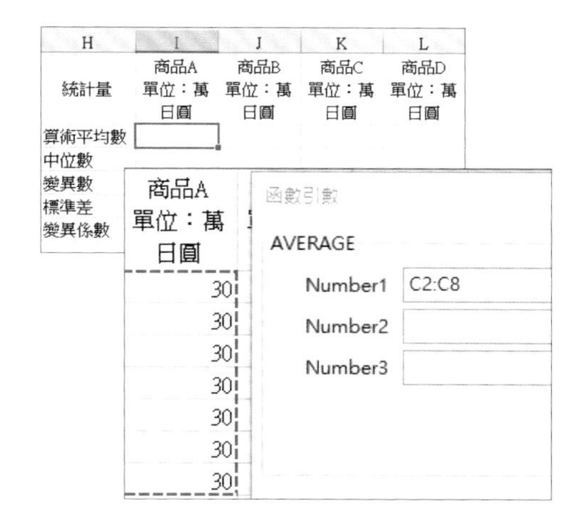

步驟2：計算中位數

計算中位數使用的是統計函數［MEDIAN］。如右側左圖所示，首先指定輸出中位數的作用儲存格。接著開啟［插入函數］對話方塊，選擇［MEDIAN］。開啟中位數的對話方塊後，在［函數引數］指定對象資料的範圍（圖右是指定商品A的資料），按下［確定］輸出計算結果。此時可運用［複製］→［貼上］，求商品B～商品D的中位數。

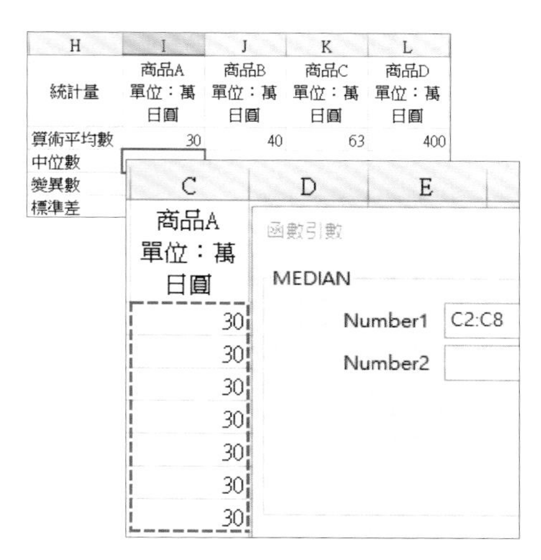

步驟3：計算變異數

計算變異數使用的是統計函數［VAR.P］。如下圖左所示，首先指定輸出變異數的作用儲存格。接著開啟［插入函數］對話方塊，選擇［VAR.P］。

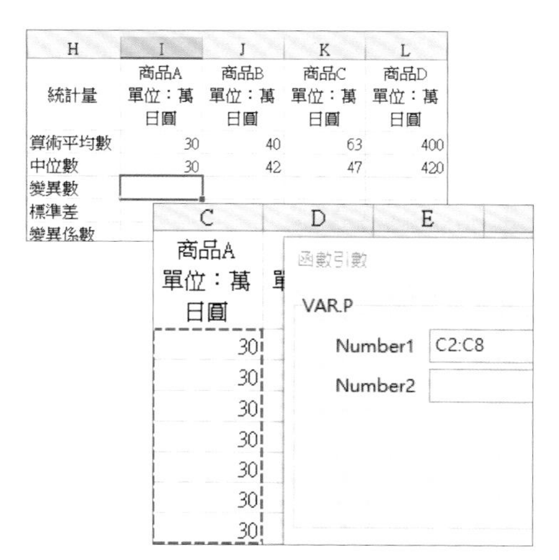

開啟變異數的對話方塊後，在［函數引數］指定對象資料的範圍（次頁上圖右是指定商品A的資料），按下［確定］輸出計算結果。此時可運用［複製］→［貼上］，求商品B～商品D的變異數。

步驟4：計算標準差

計算標準差使用的是統計函數［STDEV.P］。如下圖左所示，首先指定輸出標準差的作用儲存格。接著開啟［插入函數］對話方塊，選擇［STDEV.P］。開啟標準差的對話方塊後，在［函數引數］指定對象資料的範圍（左下圖右是指定商品A的資料），按下［確定］輸出計算結果。此時可運用［複製］→［貼上］，求商品B～商品D的標準差。

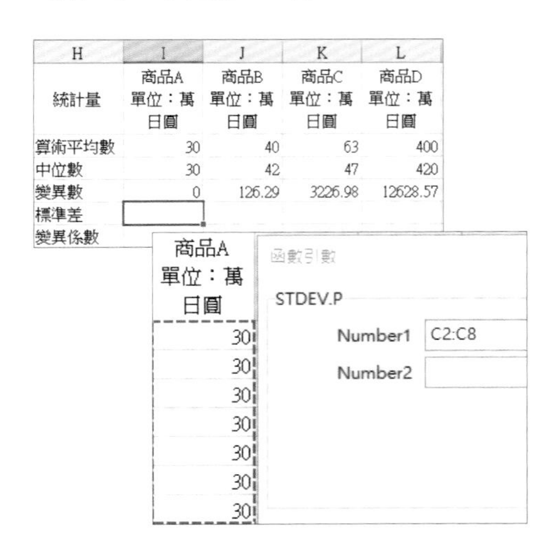

H	I	J	K	L
統計量	商品A 單位：萬日圓	商品B 單位：萬日圓	商品C 單位：萬日圓	商品D 單位：萬日圓
算術平均數	30	40	63	400
中位數	30	42	47	420
變異數	0	126.29	3226.98	12628.57
標準差				
變異係數				

步驟5：計算變異係數

由於統計函數裡並無變異係數，這裡使用［資料編輯列］，輸入運算式（標準差／平均數）求變異係數。首先指定輸出變異係數的作用儲存格，然後在［資料編輯列］輸入如下圖左的運算式再按下Enter鍵，輸出計算結果。此時可運用［複製］→［貼上］，求商品B～商品D的變異係數。

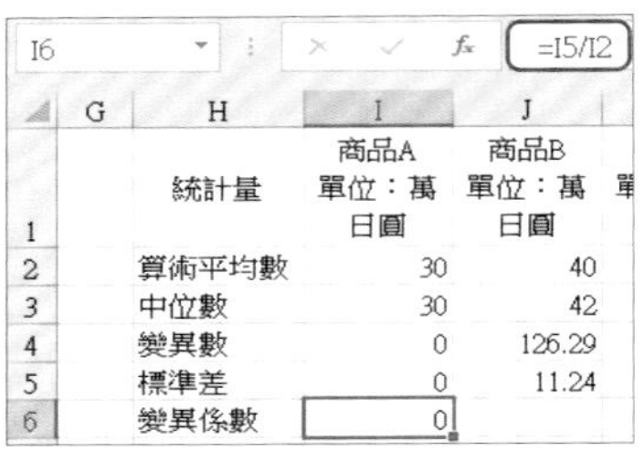

	G	H	I	J
1		統計量	商品A 單位：萬日圓	商品B 單位：萬日圓
2		算術平均數	30	40
3		中位數	30	42
4		變異數	0	126.29
5		標準差	0	11.24
6		變異係數	0	

H	I	J	K	L
統計量	商品A 單位：萬日圓	商品B 單位：萬日圓	商品C 單位：萬日圓	商品D 單位：萬日圓
算術平均數	30	40	63	400
中位數	30	42	47	420
變異數	0	126.29	3226.98	12628.57
標準差	0	11.24	56.81	112.38
變異係數	0	0.28	0.90	0.28

[範例3] 求相關係數

最後跟［範例2］一樣使用圖3-13（→P.64）的總體資料，求各商品銷售額之間的相關係數吧。這裡使用的是Excel的統計函數，不過求相關係數時，也能使用第5章圖5-10的Excel附加元件「分析工具」，因此這裡也會解說後者的用法。

步驟1：使用統計函數計算相關係數

計算相關係數使用的是統計函數［CORREL］或［PEARSON］，無論使用哪個函數計算結果都一樣。順帶一提，［PEARSON］這個函數名稱，源自提出相關係數概念的英國統計學家卡爾．皮爾森（Karl Pearson；1857–1936）的姓氏。

如右圖所示，首先指定輸出相關係數的作用儲存格。接著開啟［插入函數］對話方塊，選擇［CORREL］或［PEARSON］（以下使用［CORREL］說明）。開啟相關係數的對話方塊後，在［array1］與［array2］的引數指定各自的對象資料範圍（右圖範例的［array1］指定商品B的資料，［array2］指定商品D的資料），按下［確定］輸出計算結果。

步驟2：使用附加元件「分析工具」計算相關係數

相關係數是表示2個變數之間關係強度的指標，如果像這個範例一樣有A～D這4個變數，當然會想求出各個組合的相關係數。這種時候，使用「分析工具」裡的［相關係數］就很方便，能夠一次計算並輸出所有組合的相關係數。

那麼，這裡就使用「分析工具」，輸出商品B、商品C、商品D的相關係數吧。相關係數組合共有3種，分別是商品B＆C、商品B＆D、商品C＆D。另外，關於商品A的組合則如［範例2］所示，商品A的變異數與標準差為0，若以圖3-25的定義式計算相關係數的話，分母為0而無法計算，所以排除商品A的組合。

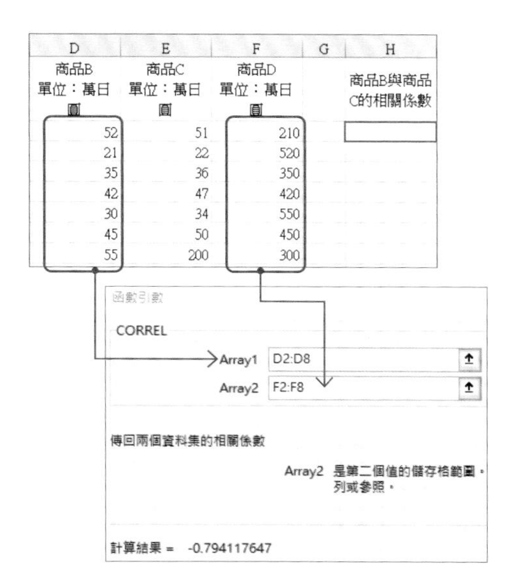

如右圖所示，首先從Excel的［資料］開啟［資料分析］對話方塊，選擇［相關係數］。開啟［相關係數］對話方塊後，在［輸入範圍］指定商品B到商品D的資料範圍。此時若把「標籤」包含在指定範圍內會很方便。設定範圍時，請一定要勾選［類別軸標記是在第一列上（L）］。

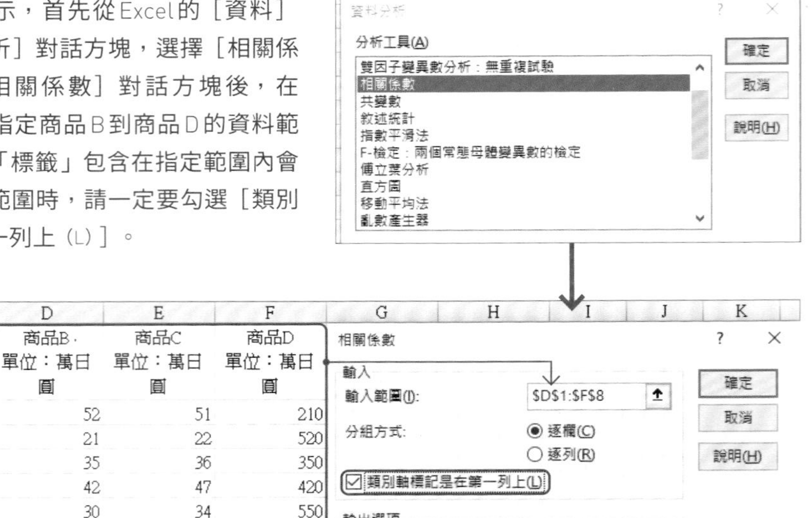

另外，［輸出選項］通常設定為［新工作表］，這裡同樣這麼處理，各位也可以設定特定的輸出範圍。

設定完資料範圍與選項後按下［確定］，計算結果就會像右圖那樣輸出到新的工作表。

以這種形式呈現的相關係數稱為相關矩陣。另外，對角線上的數值（對角元素）為1，這是同個變數之間的相關係數（商品B & B、商品C & C、商品D & D），從圖3-25的定義式也能看出，這種情況的相關係數會是1。

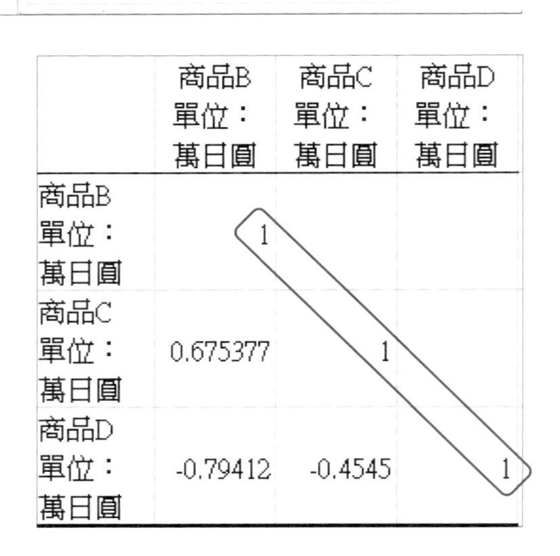

	商品B 單位：萬日圓	商品C 單位：萬日圓	商品D 單位：萬日圓
商品B 單位：萬日圓	1		
商品C 單位：萬日圓	0.675377	1	
商品D 單位：萬日圓	-0.79412	-0.4545	1

3　資料分析的第三工程（第4章）

資料分析的第三工程，是使用多變數資料，分類成模式相似的群組。這種方法相當於機器學習的「非監督式學習」。根據資料點的遠近直接分類的方法稱為集群分析，合併出「主成分（新變數）」間接分類的方法稱為主成分分析。這2種手法都是用於定量資料，至於定性資料則使用正文介紹的數量化III類。

可惜的是，這些資料分析方法無法直接用Excel求出結果，也未包含在「分析工具」裡。這裡就來看看，使用圖4-2（→P.86）的資料，製作圖4-5盒鬚圖（→P.89）的範例吧。

[範例] 製作盒鬚圖

圖4-2是大學生B同學為了專題討論課程的地區研究而蒐集的資料當中，2017年各都道府縣的人口與人均僱用者報酬總體資料。接著為了進行圖4-3的計算，B同學也蒐集了2007年的資料。下圖左的資料集就是這些資料。我們要使用這個資料集，製作圖4-5的盒鬚圖，不過需要配合用途將資料整形成下圖右那樣。另外要注意的是，比「Excel 2016」還舊的版本並無製作盒鬚圖的功能。

步驟：製作盒鬚圖

以「人口」為例，如果要建立像圖4-5那樣，顯示年度「標籤」的盒鬚圖，需要先將資料整形成下圖右那樣。

資料整形完畢後，選取「年度」（B列）與「人口」（C列）的所有資料（「標籤」除外）。另外，不需要選取「都道府縣名稱」的文字資料。

接著按一下［插入］，點擊［圖表］的右下角，開啟［插入圖表］對話方塊，從［所有圖表］中選擇［盒鬚圖］。按下［確定］，就會輸出如左下圖的盒鬚圖。另外，如果想將2007年與2017年的盒鬚圖分成不

	A	B	C	D	E
1	都道府縣名稱	人口		雇用者報酬	
2		2007年	2017年	2007年	2017年
3	北海道	5578858	5320082	4412.62	4912.36
4	青森縣	1409297	1278490	3568.62	3907.49
5	岩手縣	1364051	1254847	4100.47	4182.60
6	宮城縣	2353535	2323325	4172.01	4455.66
7	秋田縣	1121159	995649	3620.39	3984.87
8	山形縣	1198161	1101699	4133.46	4188.19
9	福島縣	2067480	1882300	4072.72	4108.86
10	茨城縣	2973420	2892201	4483.52	4517.73
11	栃木縣	2016241	1956910	4406.76	4776.46

→

	A	B	C
1	都道府縣名稱	年次	人口
2	北海道	2007年	5578858
3	青森縣	2007年	1409297
4	岩手縣	2007年	1364051
5	宮城縣	2007年	2353535
6	秋田縣	2007年	1121159
7	山形縣	2007年	1198161
8	福島縣	2007年	2067480

同顏色，只要使用整形前的資料，將2007年與2017年的資料當作不同變數（系列）處理，就能輸出右下圖那種不同顏色的盒鬚圖。不過，因為各自的盒鬚圖無法加上年度「標籤」，此時可從［圖表工具］→［設計］的［新增圖表項目］選擇［圖例］，設定好後輸出［圖例］。

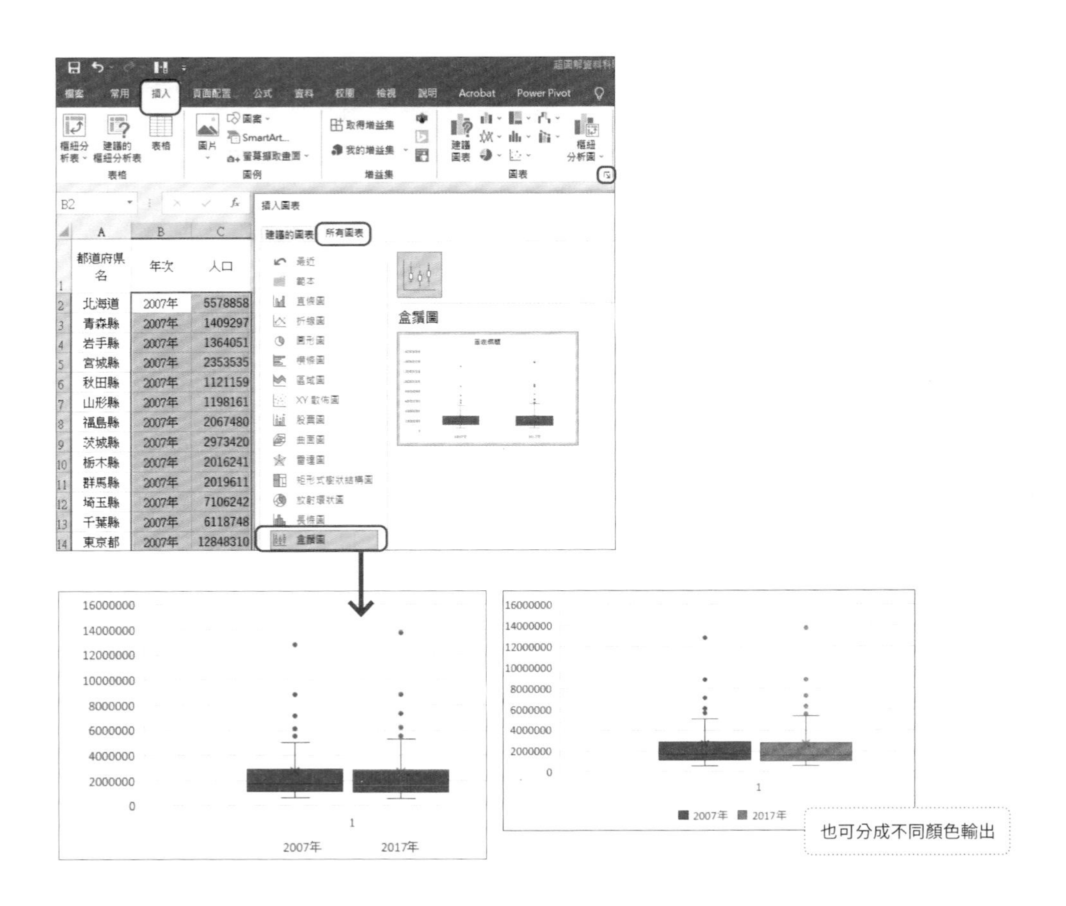

4　資料分析的第四工程（第5章）

資料分析的第四工程，是使用多變數資料，將因果關係模型化，然後預測結果。這種方法相當於機器學習的「監督式學習」。正文介紹的是，用於定量資料的迴歸分析，與用於定性資料的數量化Ｉ類及邏輯斯迴歸。這些方法當中，只有迴歸分析包含在附加元件「分析工具」裡，不過只要變更資料的形式，就能夠執行數量化Ｉ類的計算。因此，這裡就來看看使用圖5-24（→P.137）的資料，計算數量化Ｉ類的範例吧。

［範例］計算數量化Ｉ類

公衛護理師C小姐，在使用自行實施健康調查後取得的資料，研究對血壓有影響的因素時，打算調查性別與吸菸的影響。但是，被解釋變數「血壓」的資料是定量資料，解釋變數「性別（男性或女性）」與「吸菸（是否吸菸）」的資料是定性資料，所以她決定不使用迴歸分析，而是使用數量化Ｉ類進行分析。

數量化Ｉ類通常使用如圖5-22的資料，如果將資料（左下圖）整形成圖5-24的形式，就可使用「分析工具」的［迴歸］，求可導出預測值跟數量化Ｉ類相同的迴歸模型。這裡就使用圖5-24的資料，求相當於數量化Ｉ類的迴歸模型吧。

	A	B	C	D
1	No.	收縮壓	BMI值	年齡
2	1	88	22.04	40
3	2	117	23.20	64
4	3	136	24.43	56
5	4	93	22.43	41
6	5	136	26.31	57
7	6	147	26.25	41
8	7	96	20.49	56
9	8	111	20.14	48

步驟1：估計迴歸係數

要使用迴歸分析求出數量化Ｉ類的模型，得先像圖5-24那樣將解釋變數轉換成虛擬變數。資料整形完畢後，只要跟迴歸分析一樣使用「分析工具」裡的［迴歸］，計算起來就很方便了。如下圖所示，從Excel的［資料］開啟［資料分析］對話方塊，選擇［迴歸］。

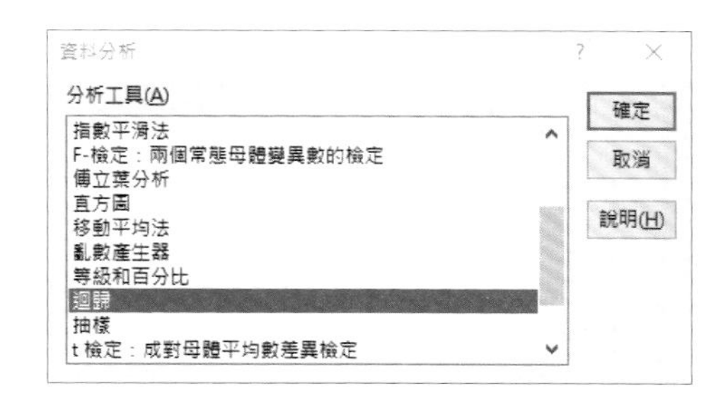

開啟［迴歸］對話方塊後，在［輸入Y範圍（Y）］指定「收縮壓」的資料範圍，在［輸入X範圍（X）］指定「性別」與「吸菸」的資料範圍。此時如果也將「標籤」包含到範圍內會很方便。設定時，請一定要勾選［標記］。另外，若要求各個「收縮壓」的預測值，可勾選［殘差］的［殘差（R）］。

No.	收縮壓	性別	抽菸
1	88	0	0
2	117	0	0
3	136	1	0
4	93	1	1
5	136	1	0
6	147	0	0
7	96	0	0
8	111	0	0
9	162	0	0
10	135	0	0
11	173	1	1

	係數	標準誤	t 統計	P-值
截距	117.8	4	29.4	0
性別	15	6.6	2.3	0
抽菸	-3	7.5	-0.4	0.7

設定完資料範圍與選項後按下［確定］，計算結果就會輸出到新的工作表。雖然輸出了各種計算值，不過這裡只展示數量化 I 類所需的迴歸係數一覽表（上圖）。

步驟2：估計預測值

圖5-25是使用在步驟1取得的迴歸模型，求「每日吸菸超過10根的男性」的「收縮壓」預測值。最後算出的預測值是「132.8」（計算預測值所用的截距、係數與計算結果採四捨五入到小數第一位）。我們當然也可以像圖5-25那樣直接求預測值，不過運用［迴歸］選項裡的［殘差（R）］輸出結果也是有效的做法。

下圖是分析所用的資料（下圖左），以及［迴歸］的［殘差（R）］輸出的部分結果（下圖右）。先看下圖左，屬於No.3「觀察值」的人，「性別」是1代表男性，「吸菸」是0代表1天會吸10根菸，符合圖5-25的預測條件。接著，檢視下圖右第3個「觀察值」的「預測值：收縮壓」，可以發現跟使用迴歸模型取得的預測值一樣都是「132.8」。另外，這個人實際的「收縮壓」是「136」，預測值是「132.8」，因此「殘差（實際值－預測值）」為「3.2」。

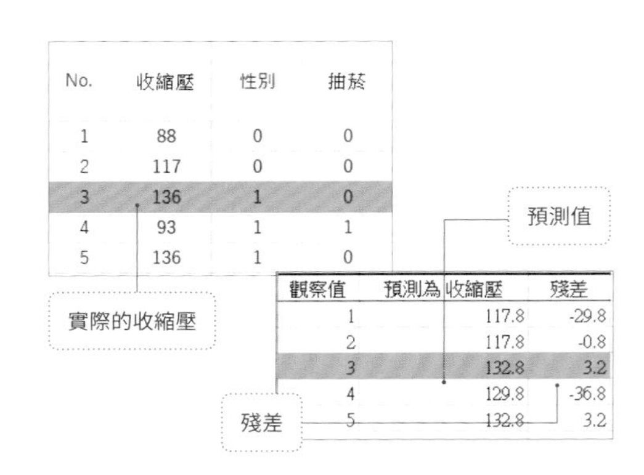

No.	收縮壓	性別	抽菸
1	88	0	0
2	117	0	0
3	136	1	0
4	93	1	1
5	136	1	0

觀察值	預測為收縮壓	殘差
1	117.8	-29.8
2	117.8	-0.8
3	132.8	3.2
4	129.8	-36.8
5	132.8	3.2

幫助各位更加瞭解資料科學的參考書籍

本書並未談及資料科學的具體數學理論與技術，
只是一本簡單介紹這些概念的「入門用的入門書」。
因此，為了幫助各位讀者更加瞭解資料科學，
這裡就列出幾本參考書籍吧。以下按領域分類，
個別介紹幾本參考書籍，並且依難易度編號。
另外提醒各位，如第1章所述，關於「何謂資料科學」這個問題
目前仍無明確的定論，所以相關的各種觀念與立場有可能因作者而異。

1. 一般資料科學

[1] 竹村彰通《データサイエンス入門》岩波新書，2018年。
[2] Annalyn Ng、Kenneth Soo（上藤一郎譯）《数式なしでわかるデータサイエンス ビッグデータ時代に必要なデータリテラシー》オーム社，2019年。
[3] 高木章光、鈴木英太《図解入門 最新 データサイエンスがよ～くわかる本》秀和システム，2019年。
[4] 鈴木孝弘《これだけは知っておきたい データサイエンスの基本がわかる本》オーム社，2018年。
[5] 竹村彰通、姫野哲人編《データサイエンス入門（第2版）》学術図書出版社，2021年。

2. 統計學基礎

[1] 上藤一郎、森本栄一、常包昌宏、田浦元《調査と分析のための統計―社会・経済のデータサイエンス（第2版）》丸善，2013年。
[2] 涌井良幸、涌井貞美《統計学の図鑑》技術評論社，2015年。
[3] 東京大学教養学部統計学教室編《統計学入門（基礎統計学Ⅰ）》東京大学出版会，1991年。
[4] 大関真之《ベイズ推定入門 モデル選択からベイズ的最適化まで》オーム社，2018年
[5] 竹村彰通《現代数理統計学（新装改訂版）》学術図書出版社，2020年。

3. 使用Excel的資料科學入門

[1] 上藤一郎、西川浩昭、朝倉真粧美、森本栄一《データサイエンス入門ー Excelで学ぶ統計データの見方・使い方・集め方》オーム社，2018年。
[2] 涌井良幸、涌井貞美《Excelでわかる機械学習超入門》技術評論社，2019年。

4. 使用R或Rython的資料科學入門

[1] 有賀友紀、大橋俊介《RとPythonで学ぶ実践的データサイエンス＆機械学習》技術評論社，2019年。
[2] 塚本邦尊、山田典一、大澤文孝《東京大学のデータサイエンティスト育成講座 Pythonで手を動かして学ぶデ―タ分析》マイナビ出版，2019年。

索引

15劃

20劃

資料下載說明

為了方便讀者進行「附錄　體驗資料科學」介紹的資料分析，本書以下載方式提供Excel檔案。
另外，關於未能收進附錄裡的計算範例，也可參考介紹實際計算步驟的PDF檔案。
詳細內容請到以下網頁查看。PDF密碼為「datascience」，中間不空格。

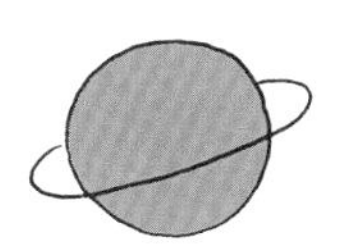

https://drive.google.com/drive/folders/1lFQAwkrIKD6F733wG_sGi8ft75RItW0u

■ 作者介紹

上藤一郎（Ichiro Uwafuji）

靜岡大學人文社會科學院教授。專業領域為統計學、科學史（統計學史、機率論史）。資料科學相關著作及譯作有：《資料科學入門：透過Excel學習如何蒐集、檢視、運用統計資料》（歐姆社，合著）、《用於調查與分析的統計：社會與經濟的資料科學》（丸善，合著）、《不用公式一看就懂的資料科學：大數據時代必備的資料素養》（歐姆社，譯作）等等（以上皆為暫譯）。

日文版Staff

■ 書籍設計
加藤愛子（オフィスキントン）

■ 封面／書籍插畫
米村知倫（Yone）

■ 內文DTP
田中望

■ 製圖
安藤しげみ、大西里美

E TO ZU DE WAKARU DATA SCIENCE: muzukashii sushiki nashi ni kangaekata no kiso ga manaberu by Ichiro Uwafuji

Original Japanese edition published by Gijutsu-Hyoron Co., Ltd., Tokyo

This Complex Chinese edition published by arrangement with
Gijutsu-Hyoron Co., Ltd., Tokyo
in care of Tuttle-Mori Agency, Inc., Tokyo.

超圖解資料科學 Data Science
數據處理：入門中的入門，強化處理力&判讀力×資料倫理

2022年 4 月1日初版第一刷發行
2022年11月1日初版第二刷發行

作　　者　上藤一郎
譯　　者　王美娟
編　　輯　吳元晴
設　　計　黃瀞瑢
發 行 人　若森稔雄
發 行 所　台灣東販股份有限公司
　　　　　＜地址＞台北市南京東路4段130號2F-1
　　　　　＜電話＞（02）2577-8878
　　　　　＜傳真＞（02）2577-8896
　　　　　＜網址＞http://www.tohan.com.tw
郵撥帳號　1405049-4
法律顧問　蕭雄淋律師
總 經 銷　聯合發行股份有限公司
　　　　　＜電話＞（02）2917-8022

國家圖書館出版品預行編目（CIP）資料

超圖解資料科學Data Science數據處理：入門中的入門,強化處理力&判讀力×資料倫理/上藤一郎作；王美娟譯. -- 初版. -- 臺北市：臺灣東販股份有限公司, 2022.04
192面；16.9×19.5公分
ISBN 978-626-329-154-6（平裝）

1.CST: 數理統計 2.CST: 通俗作品

319.5　　　　　111002396